国家自然科学基金项目(42201473、41971400)资助
宁夏回族自治区重点研发计划项目(2023BEG02068)资助
辽宁省应用基础研究计划项目(2022JH2/101300257)资助
沈阳市中青年科技创新人才支持计划项目(RC210502)资助

基于数字高程信息的地形要素提取与识别

周熙然　邵振峰　李文雯　谢　潇　著

U0337765

中国矿业大学出版社

·徐州·

内 容 提 要

地形要素是描述地貌与地表形态的重要参数。本书基于地形要素这一国内较少关注的领域,综合数字高程模型数据以及坡度、坡向、曲率等衍生参数,围绕地形要素的提取与识别开展一系列论述。本书首先概述地形要素概念及内涵,简述数字高程模型相关理论;然后着重论述如何基于数字高程模型计算地形要素的参数,以及地形要素表征的尺度和粒度;再次论述地形要素的分类体系以及地形要素提取与识别的经典方法;最后结合地理空间人工智能技术,论述了基于前沿地理空间人工智能技术提取与识别精细地形要素的方法。

本书针对地表形态提取与识别,紧扣大数据与人工智能发展趋势,从数据、尺度、特征、算法及模型方面展开了较为系统的论述,是目前国内关于地表形态论述较为完整的学术著作。本书适合有志于了解和研究地质地貌、地表形态、地貌知识等的研究生、专业人员、高校教师和研究人员阅读,对于了解地表形态理论技术以及智能化、自动化遥感与地理信息技术并将其用于地貌分析的教学和研究具有一定的价值。

图书在版编目(CIP)数据

基于数字高程信息的地形要素提取与识别 / 周熙然
等著.— 徐州:中国矿业大学出版社,2023.12
ISBN 978 - 7 - 5646 - 6026 - 0

Ⅰ.①基…　Ⅱ.①周…　Ⅲ.①数字高程模型－应用－
地形测量－研究　Ⅳ.①P231.5②P217

中国国家版本馆 CIP 数据核字(2023)第 208325 号

书　　　名	基于数字高程信息的地形要素提取与识别
著　　　者	周熙然　邵振峰　李文雯　谢　潇
责任编辑	李　敬
出版发行	中国矿业大学出版社有限责任公司
	(江苏省徐州市解放南路　邮编 221008)
营销热线	(0516)83885370　83884103
出版服务	(0516)83995789　83884920
网　　　址	http://www.cumtp.com　E-mail:cumtpvip@cumtp.com
印　　　刷	徐州中矿大印发科技有限公司
开　　　本	787 mm×1092 mm　1/16　**印张** 10.5　**字数** 206 千字
版次印次	2023 年 12 月第 1 版　2023 年 12 月第 1 次印刷
定　　　价	45.00 元

(图书出现印装质量问题,本社负责调换)

前　言

　　数字高程模型(DEM)是对地观测技术用于地表观测的重要数据成果,能够支持利用有限的数据开展数字化地形模拟和数字地形分析。随着对地观测网、地理空间人工智能、大数据等技术的发展,数字地形模拟和分析的准确程度将不断提高、空间尺度不断精细、时间间隔不断缩短、参数维度不断增加。

　　基于宏观尺度,根据地理学第二定律,自然地貌具有空间异构性。在一定观察尺度下,能够明显感受到地表具有不同的地貌构成,例如平原、丘陵、山脉等。而基于微观尺度,根据地理学第一定律,自然地貌是连续的,通常难以直观地提取不同地貌的准确边缘,例如平地和山地之间的边缘区域是连续的,往往难以定义两种地貌形态之间的准确边界。地形要素(landform element)或地貌变量(geomorphological variables)是描述地表形态的基本参数,能够描述连续的地貌在不同尺度、不同粒度下的形态和几何形状,从而表征地表在尺度和形状上的变化。地形要素分类与提取的研究开始于 20 世纪 50 年代,在 60 年代和 70 年代,学者们意识到通过高斯曲率和山坡的一阶与二阶导数函数能够描述不同的地形,从而基于曲率来定义地形要素。随后的研究根据曲率进一步进行扩展,分别基于剖面、平面和切面来建立曲率,并基于三个面的曲率定义地形要素。在此基础上,学者们将坡度、坡向等因子融合于曲率中,耦合坡度、坡向和不同曲率定义地形要素,对地形要素进行定义、提取与分类,已经形成较为系统的理论体系。

　　然而,倾斜摄影测量、雷达干涉测量和激光扫描测量的推广和应用,使得大量的高分辨率 DEM 产品成为可能,也意味着数字地形模拟和分析的准确程度将不断提高、空间尺度不断精细、时间间隔不断缩短、参数维度不断增加,对于数字地形分析带来了新的科学问题与研究挑战。传统的地表形态特征提取方法面对新时期的地形要素提取与识别,存在一些挑战:① 基本运用中低空间分辨率DEM,无法描述精细尺度的地表形态;② 基本运用线性建模方法,无法准确提取复杂地表形态特征;③ 基本运用经验阈值方法,无法自动提取完整地表形态特征。

　　因此,作者认为基于高分辨率 DEM 的精细地表形态特征提取与识别,以及多尺度地表形态分析,需要探索新的研究理论与方法。本书首先介绍了地形要素的相关概念与研究意义以及数字高程模型的相关理论；其次阐述了地形要素计算所采用的参数和因子以及地形要素的尺度和粒度概念；再次重点论述了经典的地貌形态提取与识别方法以及高分辨率数字高程信息下精细地形要素提取与识别的挑战；最后论述了基于地理空间人工智能的地形要素提取与识别方法。

本书出版过程中，得到美国地质调查局 Samantha T. Arundel 研究员与美国亚利桑那州立大学 Soe W. Myint 教授的指导与支持，并得到了美国亚利桑那州立大学王思喆博士与中国矿业大学李开源、文毅、张琪悦、李康寿、杨木森、张倩和逯文豪的帮助。本书可作为测绘地理信息、自然地理、地质地貌相关学科与专业的各类专业技术人员进行科学研究、教学、生产与管理的参考书，也可作为本科高年级学生或研究生的教材。

由于当前测绘、遥感与地理信息科学技术发展日新月异，数字地形模拟与分析应用日益广泛，且作者们水平有限，书中难免存在错漏和不妥之处，敬请读者批评指正！

周熙然、邵振峰、李文雯、谢潇
2023 年 8 月 1 日于徐州

目　　录

第 1 章　概　　述

1.1　地貌概述

地形将地球表面分割成基本空间实体的自然对象,地形实体在形状、大小、坡向、地势和环境位置等方面彼此不同,形成不同的地貌。因此,地貌(landform)被定义为"通过典型属性可识别和描述的自然过程形成的地形单位"[1]。地貌是地球或其他行星实体固体表面上的天然或人为地形特征。不同的地貌构成了特定的地形。地貌通常包括丘陵、山脉、峡谷和山谷,以及海岸线特征,如海湾、半岛和海洋,还包括中洋脊、火山和广阔的洋盆等。

地貌学的一个基本问题是找到从数字地形模型等数据中提取这些个体特征的方法[2-6],研究任务包括地形的描述/分类、地形的动态过程表征以及地形变化过程之间的关联,即致力于对陆地表面进行分类,识别特定的表面特征(地貌和基本形式),并表征表面属性之间的关系,同时解释或推断山坡的形成过程,如侵蚀和剥蚀,以及堆积和沉积或地貌过程,如冲积、风成或冰川沉积。

地貌类型(landform type)是地貌的组合,由独特的地形模式组成,每一类地貌类型在尺寸、规模和形状相对邻近地貌类型表现出明显的变化[7-9],例如平原、丘陵、山脉和山谷,而相同的地貌类型又形成土地系统或地表景观。地貌类型也称为地貌形态(geomophology)、地貌关联(landform relief),或地貌格局(landform pattern)。一个地貌类型通常在从山顶到山谷的区域内重复一个或多个完整周期的变化。地貌类型(高原表面、沙丘和冰丘地带、石灰岩地貌等)通常是这些地貌单元和"连接组织"的集合。

地貌学是地球表面形态和作用于其上的过程的物理地理学部分,因此,地表是地貌学的核心,地表分析对于地质地貌和地貌类型的研究至关重要。地表的形态是连续的,覆盖整个地球,而地貌是陆地表面有界限的部分,可能是不连续的。根据地貌形态规模的大小,有大地貌、中地貌、小地貌和微地貌之分,如陆地上的山地、平原、河谷、沙丘,海底的大陆架、大陆坡、深海平原、海底山脉等。基于几何形态的(部分)主要地貌如表 1-1 所示。

表 1-1　基于几何形态的(部分)主要地貌[10]

地貌类别	地貌名称	描　述
正地形	熔岩锥	火山口周围的火山碎屑形成的陡峭山丘
	穹丘	由对称的背斜组成的地质构造
	圆顶	大致圆形凸起的地质变形结构
	鼓丘	冰川作用形成的细长丘陵
	花岗岩圆顶	光秃的花岗岩圆形小山丘,形成于剥离作用下
	巨石	位于缓坡山顶上的大型、独立的岩石露头
	熔岩圆顶	缓慢挤出的黏性火山熔岩形成的大致圆形凸起
	熔岩棱	垂直生长的固体火山熔岩
	台地	具有平坦顶部和通常是陡峭悬崖的高地
	小块丘	由圆形残块构成的岩石小山丘
	孤山	相对平坦的地形上孤立、陡峭的岩石山丘
岩溶地貌	平丘	被覆盖着土壤的冰丘
	火山碎屑盾	主要由火山碎屑和高能爆发形成的盾形火山
	海山	从海洋海床上升起但不达到水面的山
	盾形火山	通常由流动性很好的熔岩流组成的低矮火山
	火山锥	由火山口喷出物堆积形成的锥形地貌
	层积火山	由火山岩和火山碎屑层积堆积而成的圆锥形火山
	火山岛	由火山活动而形成的岛屿
凹陷洼地	洞穴	足以容纳人体进入的自然地下空间
	火山口	火山活动形成的近似圆形的地面凹陷
	火山堰	直接或间接由火山活动产生的天然堰
	热融洼地	因永久冻土融化而形成沼泽洼地和小丘陵的不规则地表
	石窟	垂直或陡峭的颗粒岩石上的小到大的凹陷
	海蚀洞	海浪冲刷形成的洞穴,位于现在或曾经的海岸线上
	裂谷	火山的一部分,形成一组线性裂缝
	盘穴	平坦或缓坡的结实岩石上侵蚀而成的洼地或盆地
	潟湖	浅水体,由狭窄的陆地隔开与大型水体分离
	断谷	地貌起源于岩石中节理的侵蚀,之间留下小的高原或山脊
	冰斗	冰川或泄洪水形成的外流平原上的洼地或坑穴
	冰川裂缝	蓝冰或冰川中的深裂缝或裂纹
	风蚀洞	风沙作用引起的沙丘生态系统中的洼地
	地堑	行星地壳的下降区域,由平行的正断层所包围
	陨石坑	固体天体表面的圆形凹陷,由较小天体撞击形成

表 1-1（续）

地貌类别	地貌名称	描 述
平坦地貌	深海扇	与大规模沉积物沉积有关的水下地质结构
	深海平原	深海底部的平坦区域
	孤丘	陡峭、常呈垂直的侧面和相对平坦的山顶的孤立山丘
	冻原阶地	在冰缘环境中形成的平原、阶地和台地
	剖面高原	高原地区已经遭受了严重的侵蚀，以致地形变得非常陡峭
	泛滥平原	河流旁边的土地，在高水位时被淹没
	侵蚀平原	岩石经历了相当程度的地下风化的平原
	河流阶地	沿着洪水平原和河谷两侧延伸的阶地
	熔岩原	熔岩流覆盖的大面积平坦区域，也称熔岩平原
	孤丘平原	平坦地形上孤立的、陡峭的岩石山丘
	冰碛扇	冰川融水形成的辫状河流沉积物的扇形沉积体
	冰碛平原	冰川沉积物通过融水运输形成的平原
	平原岩溶	在岩溶地区发现的大型平原类型
	风蚀平原	由风侵蚀形成的大面积平原
	隆起海滩	也称海岸台地，凸出的海岸地貌
	侵蚀平台	由侵蚀所形成的狭窄平坦地区
	台地	顶部平坦的隆起地形
	滨海平地	在高纬度地区的一种地貌类型
	沙丘平原	冰川沉积物通过融水运输形成的平原
	盐湖	覆盖着盐和其他矿物质的平坦地面
	盐沼	位于陆地和开放的海水之间的沿海生态系统，经常被淹没

1.2 地貌形态概念

1.2.1 从地貌到地貌形态

地貌形态的大小和形状是解译地貌产生过程的重要证据[8]。例如：地貌的表面形状（或地貌形态）影响表面流和表面沉积物的积累，可用于解释或推断坡面形成过程，如侵蚀和剥蚀（从凸起处）、堆积和沉积或地貌形成过程，如冲积、风成或冰成沉积。

地貌形态通常需要回答一个经典的问题：山脉真实存在吗？答案是确定的。

然而,将山视为个体或类型时,它们与椅子或杯子等典型日常物品的存在意义是完全不同的。也就是说,尽管山和谷等属于自然形成的地物,但它们许多地貌的边界都是基于主观所定义的地貌形态或地表形状[11]。相对于日常物品较为明显的界限,自然地貌如山脉,虽然同天空之间的边界非常显著和清晰,但不同类型自然地貌的边界却难以进行清晰的界定,例如山的范畴与邻近的诸如丘陵、山脊、丘顶、高原、平原等范畴之间并没有真正的差别(图 1-1)。

图 1-1　天山山脉[12]

因此,如何基于形态或过程定义地貌的分类一直存在争议,形成了诸如基于规划目的的地貌形态划定、基于土地景观的地貌形态分类等[13]。但不同的地貌类型通常通过其尺寸(长、宽、高)以及主要地貌属性的频率来区分,包括坡长和坡度分布的频率,坡度变化弯曲或反转的频率,坡上地形高度变化的大小,沟谷切割度和水文形态等,以及形状或坡向因素(如长而窄,短而圆)。

因此,形态是地貌学研究最重要的原则,其他原则都依赖于对形态学的深入理解[14]。也就是说,地貌形态将地球表面划分为基本空间体的自然对象,是地貌系统的关键组成部分。在地貌制图中,最重要的目标是识别具体的几何地貌特征,这些地貌个体可以被描述为"自然地貌"。

1.2.2　从地貌形态到地形要素

地貌形态通常被定义为"地球表面的任何具有明显特征、可识别的物理形状"[7,15]。因此,地貌形态是从连续的地表提取地貌边界的核心手段,也是地貌类型的子组成部分之一。关注地貌的形态(即形状)和组成,从而分析目前正在发生的过程,预测过去的地形(及形成它们的事件),并试图预测未来地表变化(及事件)具有重要价值[16]。

地貌形态源于人类对于自然地貌的主观定义,属于语义学范畴。有学者通过语义术语描述具有共同地貌属性的地形单元,且该地形单元在任何地貌中均可识别,这些地形单元即为地貌形态。同时,也有学者基于地形的表面形状或几何形式来定义地貌形态,将地貌形态定义为特定的特征模式,且该模式能够展示地貌特征的尺寸、规模和形状的定义变化,并能够同相对应的相邻地貌特征进行区别。

而地貌的形态(形状、陡度、坡向等)主要通过地形要素来描述。同类型的地貌形态往往具有特定的地形要素组合。地形要素组合包括形状(轮廓和平面曲率)、坡度、陡度(梯度)、坡向(向度或太阳辐射)和相对地形位置(例如上、中或下)方面相对均匀,且通常从波峰到波谷重复一个或多个完整的波形变化周期。地形要素能够反映区域构造特点,从地貌形态中获取地质信息。

例如,最主要的地形要素之一——山谷线与山脊线,作为典型的断裂线对于描述地形表面非常重要,包含了显著的地形信息:不仅能够提供高程信息,而且还隐含地表示了其周围的地形特点。例如:可以确定河流沿着山谷底部流动的坡向和流速,可以计算水流的累积过程和量化评价等。

1.2.3　地形要素

地形要素(landform element),或地貌变量(geomorphological variable),或地质形态要素(terrain morphological feature)是结合地貌形态语义和地貌形态几何形式的结果。地形要素通过组合各种地形参数(如坡度、坡向、曲率等),实现多尺度下不同类型地貌形态的表征,是描述地貌形态的核心特征[15,17-19]。提取与识别地形要素,能够准确勾勒不同类型地貌的边界,从而为地貌解译提供重要的支持。

山脊线和山谷线属于重要的断裂线(也称为结构线或骨架线),是地形中最为重要的地形要素,能够描述地形表面的变化,对于水文物理过程的研究和地形地貌的研究具有重要意义。地形向两侧倾斜,使雨水分别汇入两条不同的流域中去,这一地形上的山脊线起到分水的作用,称为山脊线或分水线,山脊的等高线是一组凸向低处的曲线。地形向中间倾斜,等高线向高处凸出,两边的雨水向此集中,称为山谷线或聚水线。

山脊线与山谷线的结构特征如图 1-2 所示。图 1-2(a)中,假设中心点为山脊,则中心点上下两侧区域高程显著高于左右两侧区域,而中心点上下两侧区域内部的高程相近。与此同时,图 1-2(b)中,假设中心点为山谷,则中心点上下两侧区域高程显著低于左右两侧区域,而中心点上下两侧区域内部的高程相近。

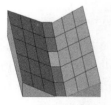

(a) 山脊线　　　　　　　(b) 山谷线

图 1-2　山脊线、山谷线示意图

　　山脊线与山谷线深刻影响地表水流的积累和沉积过程。例如：山脊线与山谷线在地表水平凸度引起的水流发散和水平凹度引起的水流汇聚导致水体在水平凹度区域积累。而山脊线与山谷线的地表剖面曲率从凸形到凹形的变化，对于下坡坡向水流的坡向和流速具有重要的指示作用。

参考文献

[1] VAN DAM R L. Landform characterization using geophysics-recent advances, applications, and emerging tools[J]. Geomorphology, 2012, 137(1): 57-73.

[2] 胡世雄, 王珂. 现代地貌学的发展与思考[J]. 地学前缘, 2000, 7(增刊): 67-78.

[3] 刘希林, 谭永贵. 现代地貌学基本思想的认识和发展[J]. 中山大学学报(自然科学版), 2012, 51(4): 112-118.

[4] 吴正. 地貌学导论[M]. 广州: 广东高等教育出版社, 1999.

[5] 张根寿. 现代地貌学[M]. 北京: 科学出版社, 2005.

[6] VERSTAPPEN H T. Old and new trends in geomorphological and landform mapping[M]//SHRODER J F. Developments in Earth Surface Processes. Amsterdam: Elsevier, 2011: 13-38.

[7] COOPER J A G, JACKSON D W T, DAWSON A G, et al. Barrier Islands on bedrock: a new landform type demonstrating the role of antecedent topography on barrier form and evolution[J]. Geology, 2012, 40(10): 923-926.

[8] EVANS I S. Scale-specific landforms and aspects of the land surface[J]. Concepts and modelling in geomorphology: international perspectives, 2003: 61-84.

[9] EVANS I S. Geomorphometry and landform mapping: what is a landform[J]. Geomorphology, 2012, 137(1): 94-106.

[10] WIKIPEDIA. Glossary of landforms[EB/OL]. [2023-07-24]. https://en.

wikipedia.org/wiki/Glossary_of_landforms♯Landforms_by_shape.

[11] SMITH B，MARK D M.Do mountains exist? towards an ontology of landforms[J].Environment and planning b：planning and design，2003，30（3）：411-427.

[12] 新华网客户端.天山-昆仑山交汇处：色彩斑斓风景如画[EB/OL].[2023-07-24].https：//app. xinhuanet. com/news/article. html? articleId = fda980dc946e174ad52ef3fadf298913.

[13] XIONG L Y，LI S J，TANG G A，et al.Geomorphometry and terrain analysis：data，methods，platforms and applications[J].Earth-science reviews，2022，233：104191.

[14] WILLIAMS M，KUHN W，PAINHO M.The influence of landscape variation on landform categorization[J].Journal of spatial information science，2012（5）：51-73.

[15] MACMILLAN R A，SHARY P A.Chapter 9 landforms and landform elements in geomorphometry[M]//BOLT G H. Developments in Soil Science.Amsterdam：Elsevier，2009：227-254.

[16] WALSH S J，BUTLER D R，MALANSON G P.An overview of scale，pattern，process relationships in geomorphology：a remote sensing and GIS perspective[J].Geomorphology，1998，21（3/4）：183-205.

[17] ZHOU X R，LI W W，ARUNDEL S T.A spatio-contextual probabilistic model for extracting linear features in hilly terrains from high-resolution DEM data[J].International journal of geographical information science，2019，33（4）：666-686.

[18] PIKE R J，EVANS I S，HENGL T.Chapter 1 geomorphometry：a brief guide[M]//BOLT G H. Developments in Soil Science. Amsterdam：Elsevier，2009：3-30.

[19] LI W W，HSU C Y.Automated terrain feature identification from remote sensing imagery：a deep learning approach[J]. International journal of geographical information science，2020，34（4）：637-660.

第2章　数字高程模型

2.1　遥感与数字地形分析

早期的地形要素识别与提取主要依赖于野外现场调查、地形图的手动数字化处理或摄影表征处理,虽然能够产生高精度的地形数据,但往往耗时费力,结果容易受解译者的主观影响,既不透明也不可重复,难以支持针对大规模地区的地形要素分析,也无法支撑基于高频率更新的地形要素变化分析。同时,在森林、极地等人类不方便出入的地区,传统方法也无法收集数据。

遥感则具有大面积覆盖和数据获取成本低廉的优势,因而被广泛应用于提供地貌形态建模与分析的核心数据源。遥感数据能够为数字地形分析提供4种类别的信息:地形位置和分布、地表高程、地表组成以及地下特征[1-2]。

遥感技术在过去20年中快速发展,使得可以从多种监测平台(如卫星、飞机和地面车辆)收集区域到全球尺度的地形数据。图2-1显示了不同遥感手段下的地形分析结果。在这些数据中,LiDAR(light detection and ranging)技术生成点云数据,以基于多个属性(包括强度、高程和密度等)促进地表特征的表征。通过各种计划收集的高密度和超高密度点云数据当前已经变得易于访问,使得人们可以基于更为精细的尺度表征地形[1,3]。

目前,用于数字地形分析的主要遥感数据是LiDAR点云数据。LiDAR点云数据能够输出中点的三维坐标,可以直接在对象空间中使用,其点云数据结构具有高密度特性,且具有高密度采样和高垂直精度的优势,可以支持从LiDAR数据中直接提取断裂线[1,4]。现有方法包括基于不规则LiDAR点的地形要素识别与提取,以及基于LiDAR衍生的栅格数据(即数字高程模型)的地形要素识别与提取[5]。

利用LiDAR点云数据的方式有3种:LiDAR点云建模;基于LiDAR创建栅格数据,例如高程、坡度和坡向;基于全波段的LiDAR分析[2]。在这些方法中,基于栅格的分析仍然是最可行的,原因有三:首先,与基于离散点云数据的分析相比,基于栅格的分析已经研究了数十年,形成了一套综合的方法来支持栅格分析;其次,现有的插值技术促进了生成包含足够信息以确保派生栅格数据的高

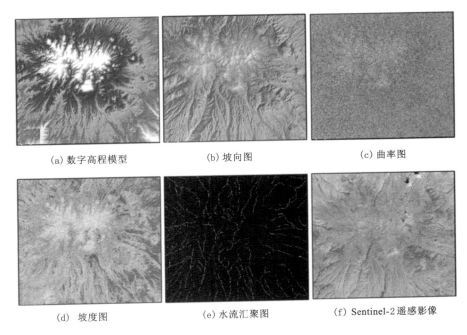

(a) 数字高程模型   (b) 坡向图   (c) 曲率图

(d) 坡度图   (e) 水流汇聚图   (f) Sentinel-2遥感影像

图 2-1   基于遥感的数字地形分析[6]

精度水平和结果中的改进质量的精细空间分辨率栅格数字模型;最后,从 LiDAR 点云生成的多种分辨率栅格数据使得多尺度分析成为可能,这已经被用于许多专注于地形要素提取的研究中。

2.2   高程信息的数据结构

高程信息的数据结构如图 2-2 所示,它们都可以用数字表达地形起伏,包括规则方形格网(regular grid)、六边形格网(hexagonal grid)、不规则三角网(triangulated irregular network,TIN)、不规则四边形格网(quadrilateral grid)、等高线(contour)、剖面(profile)和点云(point cloud)。

目前,存储数据最常用的模型包括规则方形格网、不规则三角网和点云。规则方形格网是一种流行的模型,用于高效存储和访问数据。该结构能够有效降低格网数字高程模型和其他数据融合的难度,因而应用范围较为广泛。但是,数字高程模型的数据是基于点进行采样,每个规则格网内可能包含多个采样点,意味着一个规则格网的值往往是其所包含的所有采样点的平均值、最大值或最小值。不规则三角网(TIN)是基于一组节点逐级构建而成的,相比较于规则方形

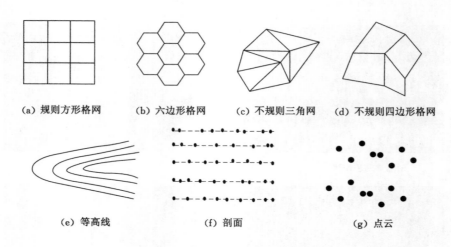

(a) 规则方形格网　　(b) 六边形格网　　(c) 不规则三角网　　(d) 不规则四边形格网

(e) 等高线　　　　　　(f) 剖面　　　　　　(g) 点云

图 2-2　高程信息的数据结构[7]

格网,它能够表示局部尺度下地形的显著特征,并具有比规则方形格网更好的尺度依赖性[8-9]。点云能够表示比其他模型更详细的表面特征,但通常需要强大的存储和计算能力。随着数据采集和制作技术的发展,点云改变了地形建模的维数、分辨率和精度,对数字地形分析产生了深远的影响。点云数据结构特有的"大尺度"特征能够支撑地球表面的多尺度、多方面结构和形态的精细研究,因而成为目前数字地形分析的主流前沿数据结构。

2.3　数字高程模型

数字高程模型(digital elevation models,DEM)是可以通过计算机图形表示地球表面高程的高精度的三维地形数据,用于地貌分析和地貌分类,是数字地貌分析的重要工具[10-11]。数字高程模型也可以对数据进行插值和处理,以创建高程值的连续格网,对地貌特征,如高程、坡度、坡向、流域等进行定量分析。目前,数字高程模型通常由 LiDAR 或数字影像表征仪从航空或卫星平台获取,主要用于创建地形图、表征坡度和方位,并分析地形要素,进一步支持各种用途,如土地利用规划、自然资源管理和灾难响应。

常用的数字高程模型包括规则的格网(通常是正方形)、不规则三角网(TIN)和等高线模型[12]。在这 3 种数字高程模型中,网格数字高程模型是最简单和最高效的方法,因为这种数据结构类似于计算机中的数组存储结构。然而,由于其不连续的地形表面表示,这种方法也容易导致数据的误差。

目前,通常存在数字高程模型(DEM)、数字地形模型(digital terrain models,DTM)和数字地表模型(digital surface models,DSM)3 种术语,数字高程模型通常被用作 DSM 和 DTM 的通用术语,仅表示高度信息,没有关于表面的进一步定义。大多数数据平台(如 USGS、ERSDAC、CGIAR、Spot Image)往往将数字高程模型用作 DSM 和 DTM 的通用术语。

但三者具有一定的区别。如图 2-3 所示,在大多数情况下,DSM 代表地球表面,包括其上的所有物体。与 DSM 相反,DTM 代表裸露的地面表面,没有任何植物和建筑物等物体。在本书中,数字高程模型 DEM 被用作 DSM 和 DTM 的通用术语。

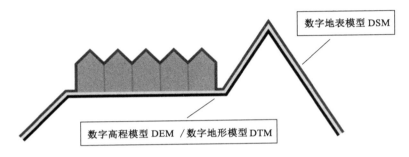

图 2-3　数字高程模型、数字地形模型与数字地表模型的区别[13]

2.4　数字高程模型生成

2.4.1　数字高程模型生成数据源

数字高程模型在地形相关应用中起着重要作用,因此如何生成数字高程模型的研究一直是数字地形分析的关注点[1,14-15]。数字高程模型的生成包括 3 个相互关联的任务:① 地表采样(即收集高度表征);② 创建表面模型;③ 校正表面模型中的误差和伪迹。

早期的数字高程模型非常粗糙(水平分辨率约为 100 m),主要来自手工数字化的等高线。随后,通过摄影测量的手段,能够生成高分辨率的数字高程模型。而随着两种类型的主动遥感(SAR 和 LiDAR)的发展,高分辨率数字高程模型成为主流。机载干涉合成孔径雷达(interferometric SAR)可以快速生成覆盖大片区域的多空间分辨率的数字高程模型。激光扫描可以提供密集的点云,可以为单个地貌甚至粗粒沉积物提供更多细节[16]。

评估数字高程模型的适用性需要考虑几个方面的因素[17]:① 表面粗糙度

的表示有多准确;② 土地表面的形状表示有多准确(即凹凸形状、侵蚀和沉积、水的汇聚或分散等);③ 如何准确检测"真实"的山脊线和山谷线;④ 在整个感兴趣区域内,高程表征的一致性有多高。

过去 20 年,生成数字高程模型的数据来源和处理方法发展十分迅速:从地面表征和地形图转换到遥感的被动方法,又发展到带有 LiDAR 和雷达的主动感知,如航天飞机雷达测高(shuttle radar topography mission,SRTM)。技术的发展使得数字高程模型的分辨率得到了显著提高。目前,获取高程数据以创建数字高程模型的方法主要包括 LiDAR、雷达、航空摄影的立体像对表征、光学卫星影像、雷达数据的干涉表征、实时动态 GPS、地形图、经纬仪或全站仪、制图无人机。

表 2-1 列出了各个方法的具体细节。

表 2-1   不同数字高程模型生成方法对比[17]

方法	分辨率	准确率	覆盖面积	后处理需求	高程/表面
地面勘测	<5 m	非常高的垂直和水平精度	通常很小	低	高程
GPS	<5 m	中等的垂直和水平精度	通常很小	低	高程
表格数字化	取决于地图比例尺和等高线间隔	中等的垂直和水平精度	取决于地图面积	中等	高程
屏幕数字化	取决于地图比例尺和等高线间隔	中等的垂直和水平精度	取决于地图面积	中等	高程
扫描地形图	取决于地图比例尺和等高线间隔	中等的垂直和水平精度	取决于地图面积	高	高程
正射摄影术	<1 m	非常高的垂直和水平精度	—	高	表面
LiDAR	1~3 m	0.15~1 m 垂直精度,1 m 水平精度	30~50 km²	高	表面
InSAR/IfSAR	2.5~5 m	1~2 m 垂直精度,2.5~10 m 水平精度	取决于获取方法	高	表面
SRTM, Band C	90(30) m	16 m 垂直精度,20 m 水平精度	全球 60°N 到 58°S	高	表面
SRTM, Band X	30 m	16 m 垂直精度,20 m 水平精度	全球 60°N 到 58°S	高	表面
ASTER	30 m	7~50 m 垂直精度,7~50 m 水平精度	3 600 km²	中等	表面
SPOT	30 m	10 m 垂直精度,15 m 水平精度	72 000 m² 的带状区域	中等	表面

2.4.2　数字高程模型生成技术的发展

对于 LiDAR 的研究开始于 20 世纪 60 年代[18]。80 年代，人们开始探索用于地形数据生成的研究和设计，自 90 年代中期开始 LiDAR 商用运营[19]。随着更可靠和精确的 LiDAR 数据采集的研发，过去 10 年中使用 LiDAR 数据进行数字高程模型生成的数量显著增加，形成了各种条件下基于 LiDAR 数据生成数字高程模型的方法[20-22]。

随着 LiDAR 数据收集成本的逐步降低，LiDAR 点云数据已经成为收集地形数据和生成数字高程模型最主要的方法，并成为全球局部和区域数字高程模型生成的主要数据源，并且应用于许多领域，包括建筑物提取、城市三维建模、水文模拟、冰川监测、地貌或土壤分类、河岸和海岸管理以及森林管理[23]。与摄影表征和光学遥感数据相比，LiDAR 数据可以生成高密度和高精度的数字高程模型，具备穿透树冠的能力，能够克服摄影表征在森林地区数字高程模型生成方面的局限性。同时，LiDAR 数据没有阴影，所生成的面向城市地区的数字高程模型不会受到阴影的干扰。

然而，原始的 LiDAR 数据仍然可能包含来自激光束碰撞到的任何目标的回波信号，如建筑物、电线杆、植被等。因此，LiDAR 数据通常需要过滤或去除非地貌形态的实体，将原始 LiDAR 数据分类或分离为地面数据和非地面数据[7]，但目前还没有任何过滤方法能够达到 100% 准确，还需要针对自动过滤方法的结果采用手动编辑[24]。另外，虽然高密度数据可以更详细地表示地形，但会导致数据量的显著增加，给数据存储、处理和操作带来困难，如何有效地处理原始 LiDAR 数据并提取有用信息仍然是一个巨大的挑战。

2.5　数字高程模型的生成方法

从 LiDAR 数据生成高质量数字高程模型通常容易受到以下方面的影响：建模方法的选择、插值算法、网格大小和数据降采样。图 2-4 示例了基于 LiDAR 生成数字高程模型的结果。

2.5.1　LiDAR 数据过滤

从 LiDAR 数据生成数字高程模型的关键步骤之一是将 LiDAR 点分为地面（terrain）点和非地面（non-terrain）点。图 2-5 显示了 LiDAR 数据过滤的示例[26]。目前，由于点云数据独特的数据结构，从 LiDAR 点云中分离地面点和非地面点非常困难，尤其是对于地形要素多样的大面积区域。面向地面识别的 LiDAR 点云过滤方法[1,27]主要包括基于插值的过滤方法[28]、基于坡度的过滤方法[29-31]和基于形态学的过滤方法[32-33]。

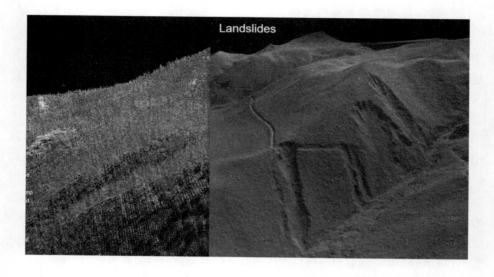

图 2-4 基于 LiDAR 生成数字高程模型示例[25]

图 2-5 LiDAR 数据过滤示例[26]

2.5.1.1 基于插值的滤波方法

基于插值的滤波方法，又称为基于线性的预测方法，最初由 Kraus 和 Pfeifer 于 1998 年提出。它使用加权线性最小二乘插值[24]来迭代地逼近地形表面。首先赋予所有点相同权重计算地形表面的粗略逼近值，得到地形点和非地形点之间的平均表面，然后计算从表面到点的定向距离的残差，地形点通常具有负残差，而非地形点具有正残差[24]，最后根据其残差为每个点分配权重，负残差的点被分配高权重，正残差的点被分配低权重。由此不断迭代，使表面越来越接近地面[34]。然而，这种滤波方法不适用于具有陡峭坡面和大变化的地形[35]。

为了解决这个挑战,Lee 等[35]将从线性预测滤波中获得的地面点与原始点进行比较,只提取与原始点相同位置的点进行细化,然后通过归一化最小二乘法使用自适应滤波来消除虚假峰值。该方法在陡峭坡面和大变化的区域中具有更好的结果。但是该方法的实施需要对许多参数(如延迟因子、适应参数和空间滤波阶数)具有先验知识,先验知识对于自适应算法的性能至关重要。针对这一难题,使用全波形信息来确定 LiDAR 点的先验权重,将回波属性的附加知识与表面估计的几何标准相结合,从而避免先验知识对于算法的影响,提高算法的自动程度和鲁棒性。改进线性预测的效能和构建自适应处理方法是基于插值的 LiDAR 滤波的主要思路[36-37]。

2.5.1.2　基于坡度的滤波方法

基于坡度的滤波方法假设地形的自然坡度的梯度明显不同于建筑物和树木等非地形物体的坡度[38]。基于 LiDAR 数据特征与其邻域之间的坡度比较,如果该 LiDAR 点与给定圆形内的任何其他点之间的坡度超过预定义的阈值,则假定该 LiDAR 点为非地形点。该方法依赖于最佳阈值的定义,当阈值越低的时候,被分类为裸露地面的点就越多。

阈值的定义需要涉及对研究区域地形的了解,无法应对包含研究区域中所有类型地形。因此,基于坡度的空间滤波在相当平坦的地形中效果很好,但随着地形坡度的增加,特别是在陡峭的森林景观中,该方法会变得非常困难。为了克服这个限制,学者们提出了阈值随地形坡度变化的改进方法,在陡峭的地形中能够有效改善滤波结果[28-29,39]。

2.5.1.3　基于形态学的滤波方法

LiDAR 数据处理中的形态学滤波方法基于数学形态学的思想[40-41]。该方法首先使用不同的窗口大小多次对 LiDAR 数据进行操作。然后,如果将一个点分类为地面点,则为该点分配与窗口大小相关的权重,操作的窗口越大,点的权重就越高。这样,就可以为可能的地面点赋予很高的权重,而为可能的非地面点赋予很低的权重。最后,通过使用 LiDAR 点的权重来估计地形表面。

由于非地形物体(如树木和建筑物)的高程通常高于周围地面点的高程,因此可以将 LiDAR 点按高程转换为灰度图像,通过灰度差来识别非地形物体。具体方法是对 LiDAR 数据执行开运算操作:首先检测给定窗口内的最低高程点,然后选择在该窗口内落在最低高程之上的点作为地面点。带宽的确定取决于 LiDAR 数据的精度,通常为 20～30 cm。形态学滤波方法的核心在于最佳窗口大小的选择。如果窗口过小,只能有效地去除小的非地面物体(如树木和汽车),但无法去除城市地区大型建筑群顶部对应的点。如果窗口过大,会容易把一些地面点视为非地面点。

在此基础上,Zhang 等[32]提出了一种渐进形态学空间滤波,阈值可由高程差异和地形坡度确定,通过逐渐增加窗口大小和使用高程差异阈值来去除非地面点并保留地面点。首先使用一个窗口大小的开运算操作来导出初始滤波表面,并对初始滤波表面执行开运算操作以导出第二个表面,将两个表面之间的单元格的高程差异与阈值进行比较,确定该单元格中的点是否为非地面点。然后,在下一次迭代中,增加窗口大小,并在过滤表面上应用另一个开运算操作。重复这些步骤,直到滤波窗口的大小大于非地面物体的预定义最大大小。

此外,为避免阈值确定过程中的不确定性,不少研究假设非地面物体通常沿边界具有显著的高程变化,而自然地形的高程变化是渐变和连续的,因而不需要假设有一个恒定的坡度阈值[33,42-43]。

2.5.1.4　其他滤波算法

(1)多尺度滤波。以上所述的所有空间滤波都基于高度差异和坡度等度量。由于局部特性是尺度相关的,因此需要在不同尺度上集成表征。如多尺度变换方法,采用尺度空间理论来表示滤波 LiDAR 数据中的网格高程值[26]。又如多尺度曲率算法,基于曲率空间滤波在多个尺度上迭代,将 LiDAR 数据分类为地面点和非地面点[44]。

(2)基于分割的滤波。首先将原始 LiDAR 数据插值到网格图像中,基于高度差异使用区域增长算法将像元聚合成连接集合,然后通过步进边缘与相邻区域分开,最后基于每个区域的几何特征及其拓扑关系进行分类[45-46]。

(3)基于小波变换的滤波。一种基于小波的空间滤波,将 K 均值聚类与小波变换融合,应用于网格化的 LiDAR 数据,标记像元为地面和非地面[47]。

(4)基于 LiDAR 波形的强度和导数的滤波。Vosselman[38]提出使用激光束响应的强度来估计和改善具有不同反射特性区域之间边缘的位置。其他方法包括使用全波形信息来消除与非地面点相对应的具有显著更高回波宽度的回波、使用回波宽度来确定插值滤波过程中 LiDAR 点的权重,等等[48]。

此外,还有重复插值的方法,用于陡峭的林区中过滤 LiDAR 数据[21]。还有一种三阶段的 LiDAR 数据分类算法[49],将 LiDAR 数据插值到网格图像中,基于几何特征和拓扑关系进行区域生长分割,以及通过检查区域表面的距离来拟合地形表面,从而设计点的滤波算法,等等。

到目前为止,大多数开发的滤波算法需要首先将原始的 LiDAR 数据插值到网格图像中,在网格图像上进行滤波会更快。但将原始的 LiDAR 数据插值到图像中会导致信息的显著丢失并引入误差。当高程值在地面点和非地面点之间插值时,插值数据中的高程差异将减小,这将导致难以正确识别和去除非地面点。

2.5.2　生成数字高程模型的方法

2.5.2.1　数字高程模型插值方法

插值是数学中的一种近似过程和统计学中的一种估计问题,其根据感兴趣区域内表征点的已知值来预测未采样位置上某个变量的值。插值是数字地形建模中的核心技术之一,主要通过邻近点的已知高度值确定一个点的地形高度值,但前提是地形表面连续和光滑,并且邻近数据点之间存在高度相关性[1]。

基于样本高程点构建数字高程模型的插值方法可以分为以下两种。

(1) 确定性方法,如反距离加权(inverse distance weighting,IDW)和基于样本点拟合最小曲率表面的样条(spline)插值方法。

IDW 假定样本点距离预测位置越近,其对预测值的影响就越大,即对靠近预测位置的点比远离预测位置的点施加更大的权重。通过一组线性加权组合的样本点来估计点值,分配的权重仅取决于数据位置与要估计的特定位置之间的距离,但不考虑采样数据之间的相对位置。IDW 在密集且均匀分布的采样点上效果很好[1],但无法应对采样点稀疏或不均匀的表面插值,且不能进行超出最小和最大样本点值范围的估计。例如:一些重要的地形要素(山脊和山谷),除非已充分采样,否则无法生成插值。

样条插值方法使用数学函数估计值最小化的总体曲率,从而产生一个通过样本点平滑的表面。样条方法可以用于估计低于样本数据最小值或高于样本数据最大值的值,因此在山脊和山谷的预测方面很有用[1]。

(2) 地质统计方法,如克里金插值,通过距离和自相关程度(样本点之间的统计关系)从样本点创建表面。地质统计方法利用样本数据的空间相关属性,不考虑数据内部的空间过程模型[50]。

克里金插值最初是为了估算矿物的空间浓度而开发,现在广泛用于地理和空间数据分析。该法假定采样点之间的距离或坡向反映了可以用于解释表面变化的空间相关性,采样数据之间的距离和变化程度进行加权平均技术。

图 2-6 显示了 3 种插值方法的效果对比。目前还没有一种单一的插值方法最适合于地形数据的插值,即没有一种插值方法适用于所有数据来源、地形模式或目的。在采样点稀疏的条件下,克里金插值法比反距离加权插值法更能准确估计高程。而当采样数据密度很高时,反距离加权插值法和克里金插值法之间没有显著差异。此外,如果采样数据密度很高,反距离加权插值法对于复杂地形的表现更有优势。LiDAR 数据具有较高的采样密度,因此反距离加权插值法对于从 LiDAR 数据生成数字高程模型更为适当。

现有的插值方法种类繁多,这引发了关于在不同环境下哪种方法最合适的

（a）样条插值　　　　　（b）反距离加权插值　　　　　（c）克里金插值

图 2-6　3 种插值方法效果对比[51]

问题,学者们做了各种实证工作,以评估不同插值方法对数字高程模型精度的影响[1,50,52]。

2.5.2.2　LiDAR 数据降采样

数据降采样的主要目标是在采样密度和数据量之间实现最佳平衡,从而优化数据采集成本。通过最优插值方法,可以从高密度 LiDAR 数据生成精细的高分辨率数字高程模型。然而,在 LiDAR 数据收集任务中,没有办法根据地形类型匹配数据采集密度,因此往往会产生一定程度的过采样问题,导致比较高的数据存储需求和处理时间[53]。通过 LiDAR 数据降采样,可以生成一个更易于管理和高效率处理大量数字高程模型数据的方案。

有不少学者研究了数据降采样对数字高程模型和派生地形属性准确性的影响。学者们评估了 LiDAR 数据密度对一系列分辨率的数字高程模型生成的影响[1]。在 LiDAR 点密度梯度沿不同水平分辨率生成了一系列数字高程模型,然后将每个以给定水平分辨率生成的数字高程模型与不同 LiDAR 数据密度生成的参考数字高程模型进行比较,发现基于 LiDAR 的数据降采样能够保持对高程预测的充分准确性。

同时,有学者研究发现,数据密度和数字高程模型分辨率对数字高程模型和派生地形属性准确性的影响与地形复杂度有关[54]。不同的复杂地形需要不同的数据密度和分辨率,以在特定的准确性水平下生成代表地形表面的数字高程模型。此外,不同的数据元素对生成的数字高程模型的准确性有不同的贡献。将关键地形元素(例如断裂线)纳入数字高程模型构建中可以减少数据点的数量,同时仍保持高水平的准确性。

2.5.3　生成数字高程模型的空间分辨率选择

数字高程模型的空间分辨率是数字高程模型生成和空间分析的核心问题,通常要求用最少的数字高程模型数据获得最充分的地形表面描述,或者用尽可能大的网格尺寸满足特定的精度要求。图 2-7 显示不同空间分辨率下的数字高程模型区别。

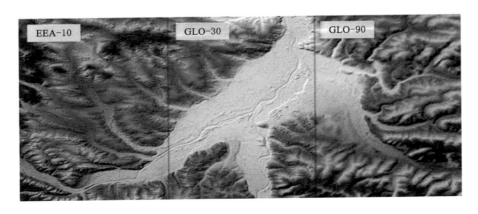

图 2-7　10 m、30 m 与 90 m 数字高程模型对比[55]

　　空间分辨率最初是指在航空照片上可以识别的细节水平或最小的物体。对于网格数字高程模型,空间分辨率主要指数字高程模型的网格大小与地面距离的比值。网格越小,分辨率越高,越能更详细地反映地形表面。数字高程模型的空间分辨率主要受到源数据(如 LiDAR 点云)的密度影响。

　　高分辨率的数字高程模型可以显著提高地形属性的预测能力。但数字高程模型并非分辨率越高越好,高分辨率的数字高程模型可能会导致地形表面的表现比被模拟的过程更详细,造成不必要的计算资源浪费。因此,数字高程模型的最佳网格大小是地形表示的准确性和成本效益之间的平衡,网格大小是否合适取决于源数据密度、地形复杂性和具体应用[21]。

　　许多研究已经调查了不同分辨率对特定应用模型精度的影响[56],通常最佳空间分辨率的选择主要是比较从不同分辨率的数字高程模型得出的地形属性和水文或其他环境参数,这是因为数字高程模型在低地势地区通常被过度采样,而在高地势地区则被不足采样。此外,常规的网格大小可能无法适应复杂的地形,例如:容易遗漏山峰和凹坑等特征点,无法表征断裂线等线性特征。

　　McCullagh[57]建议数字高程模型的格网数量应大致等于覆盖区域中地形数据点的数量。数字高程模型的网格大小(S)可以通过以下公式估算:

$$S = \sqrt{A/n} \tag{2-1}$$

式中:n 是地形点数;A 是覆盖面积。这意味着数字高程模型的分辨率应该与原始地形点的采样密度相匹配。

　　另外,数字高程模型的最优网格大小应能够反映地形表面的变化性,并代表大部分地形要素。如果将地形视为信号,则其频率可以通过反射点的密度来确

定。Hengl[56]提出了一种基于地形复杂性确定网格大小的想法,即网格大小至少应该是反射点之间平均间距的一半:

$$S = \frac{L}{2N_{\mathrm{p}}} \qquad (2\text{-}2)$$

式中:L 是横断面的长度;N_{p} 是观测到的反射点数量。

2.6 数字高程模型质量与误差传播

2.6.1 数字高程模型质量

数字高程模型的质量是衡量每个像元高程的精度(绝对精度)以及形态学呈现的准确程度(相对精度)的指标。可以通过比较不同来源的数字高程模型来对其进行质量评估。数字高程模型派生产品的质量取决于多个因素:① 地形粗糙度;② 采样密度(高程数据采集方法);③ 网格分辨率或像元大小;④ 插值算法;⑤ 垂直分辨率;⑥ 地形分析算法;⑦ 参考 3D 产品包括质量掩膜,提供有关海岸线、湖泊、雪、云、相关性等信息。

目前已经形成许多评估数字高程模型质量的方法。普遍的方法是将数字高程模型中导出的高程信息同精确的地形数据中的“真实”高程进行比较,计算高程均方根误差(root mean squared error,RMSE),以表示估计值和真实值之间的差异。但这种方法忽略了系统偏差的存在和误差的空间模式,因此难以支持对于受地表形状影响较大的地貌形态的准确提取。

有学者提出了 4 个标准来评估从等高线构建的数字高程模型的质量:

(1) 数字高程模型值应该与等高线值接近。

(2) 数字高程模型必须在等高线给出的范围内。

(3) 数字高程模型值和等高线值之间应该呈现线性关系。

(4) 数字高程模型模式必须反映平坦区域中的实际形状。

2.6.2 数字高程模型误差传播

精细分辨率的数字高程模型的出现也带来了新的问题:误差评估发生了根本性改变[58],技术误差变得很小,但定义的误差仍然存在,且其误差的范围往往很显著。

不同类型的传感器(如雷达、光学和 LiDAR)可能会包含系统性和随机性误差,进而在高程和计算的地表参数(如坡度、坡向等)中引发偏差。第一种误差可能随着传感器和/或特定应用(即部署方法)的选择而变化,导致难以通过不同的数字高程模型开展高度的变化检测研究,如侵蚀、沉积等。第二种误差主要源于主要和次要地表参数中高程误差的传播。传播误差的常规解决方法是对数字高程模型中的已知误差部分进行统计建模，并进行蒙特卡罗分析。然而，源数据中的误差往往无法消除，因此研究数字高程模型中的误差传播，对于使用数字高程模型计算地形要素的方法流程和结果解释具有重要作用。

用于描述地形表面高程数据的水平和垂直分辨率将对表面特征的详细程度和准确性，以及从数字高程模型计算出的地表参数值产生重要影响。特别是，无论高程数据的来源如何，如果随着空间分辨率的增大，数字高程模型的属性值不确定性也增大，那么高分辨率的数字高程模型仍可能比低分辨率的数字高程模型具有更大的不确定性，且高分辨率的数字高程模型中的错误往往容易通过不易预测的方式传播到地表参数和建模结果中。而且，数字高程模型误差容易在具有坡度的地形上传播，在平坦地区相对保持稳定。

与此同时，大规模生产的遥感数字高程模型来源的快速增长也产生了新形式的数字高程模型质量改进的预处理方法，包括正射校正数字高程模型、减少局部异常值和噪声、过滤水面、过滤纯噪声、过滤 SRTM 数字高程模型中的森林等地物、减少周围所有像元显示相同值的封闭等值线区域、填充空洞和洼地、拼贴相邻的数字高程模型和过滤 LiDAR 数字高程模型。同时，LiDAR 数据也往往容易存在一些难以检测和纠正的系统性和随机性错误，且检测距离误差、变化偏转误差和表征之间的时间延迟特别困难。

近年来，一部分学者通过集成地形和辅助信息（例如，来自卫星的湖泊、河流、山脊和/或断层的位置）来判断数字高程模型中所存在的错误。也有学者使用数据驱动的模拟方法，通过计算数字高程模型的多个等概率实现的平均地表参数值，去除数字高程模型的错误。

2.7　数字高程模型开放数据获取

2.7.1　OpenTopography 简介

OpenTopography[59]是一个基于网络的社区资源，其界面如图 2-8 所示，系统旨在为社区提供高分辨率、以地球科学为导向的地形数据（LiDAR 和数字高程模型数据）及相关工具和资源的访问。

（1）在线访问 LiDAR 和其他技术获取高分辨率（米到亚米级别）的地球科学导向的地形数据。

（2）基于空间网络基础设施（spatial cyberinfrastructure），提供基于 Web 服

图 2-8　OpenTopography 界面[59]

务的数据访问、处理和分析能力,具有可扩展性、可迁移性和创新性。

（3）通过数据所提供的元数据目录实现数据的快速检索和数据处理工具的发现。

（4）与公共领域的数据持有者合作,共同利用 OpenTopography 基础设施进行数据发现、托管和处理。

（5）提供数据管理、处理和分析的专业培训和专家指导。

OpenTopography 基础设施位于加利福尼亚大学圣地亚哥分校（University of California San Diego）的圣地亚哥超级计算中心（San Diego Supercomputer Center）,与亚利桑那州立大学（Arizona State University）的地球与空间探索学院（School of Earth and Space Exploration）以及 EarthScope Consortium 合作运营。核心运营支持来自美国国家科学基金会地球科学部门的地质信息学、地貌和土地利用动态项目。

2.7.2　OpenTopography 目标

在过去的 10 年中,针对科学、环境、工程和规划等应用驱动了大量高分辨率地形数据的产生,这些数据内容十分丰富。因此,除了数据的直接应用之外,在其他应用方面也具有很大的潜在价值。然而,由于 LiDAR 等高分辨率测绘技术产生的大量数据往往依赖于昂贵的软件和计算资源,使得这些海量数据对于普通用户很难处理、分发和共享。OpenTopography 旨在以一种服务于具有不同专业知识、应用领域和计算资源的用户的方式,使高分辨率地形数据能够被公开和便捷地访问、获取和分析。

2.7.3　OpenTopography 数据级别

（1）Google Earth：基于 Google Earth 平台建立了用于传递基于 LiDAR 数据的可视化功能，用于数据的研究、教育和推广。在 Google Earth 虚拟地球上显示从 LiDAR 获得的全分辨率图像，然后通过虚拟地球环境提供的免费且易于导航的查看器，可以快速将 LiDAR 可视化结果与图像、地理图层和 KML 格式中提供的其他相关数据集成。

（2）栅格数据：预计算的栅格数据包括从 LiDAR 表征计算得出的数字高程模型图层和来自卫星雷达地形表征任务的栅格数据。来自 LiDAR 表征的数字高程模型可作为裸地（地面）、最高点（第一个或所有返回点）或强度（激光脉冲强度）瓦片进行选择。一些数据集还可用于正射影像。数字高程模型以常用的 GIS 格式（例如 ESRI Arc 二进制格式）提供，并进行了压缩以减小其大小。

（3）LiDAR 点云数据和按需处理：允许用户定义感兴趣的区域以及数据子集，以 ASCII 或 LAS 二进制点云格式下载此查询结果。还提供生成自定义派生产品的选项，如使用用户定义的分辨率和算法参数生成的数字高程模型，并以多种不同的文件格式下载。系统还支持生成地貌度量，如山地阴影和坡度地图，并将动态生成数据产品的可视化效果，以在 Web 浏览器或 Google Earth 中显示。

参考文献

[1] LIU X Y.Airborne LiDAR for DEM generation：some critical issues[J].Progress in physical geography：earth and environment，2008，32(1)：31-49.

[2] SMITH M J，PAIN C F.Applications of remote sensing in geomorphology[J].Progress in physical geography：earth and environment，2009，33(4)：568-582.

[3] BRUBAKER K M，MYERS W L，DROHAN P J，et al.The use of LiDAR terrain data in characterizing surface roughness and microtopography[J].Applied and environmental soil science，2013，2013：1-13.

[4] TAROLLI P，MUDD S M.Remote Sensing of Geomorphology[M].Amsterdam：Elsevier，2020.

[5] ZHOU X R，LI W W，ARUNDEL S T.A spatio-contextual probabilistic model for extracting linear features in hilly terrains from high-resolution DEM data[J].International journal of geographical information science，2019，33(4)：666-686.

［6］ KAZEMI GARAJEH M，LI Z L，HASANLU S，et al.Developing an integrated approach based on geographic object-based image analysis and convolutional neural network for volcanic and glacial landforms mapping ［J］.Scientific reports，2022，12：21396.

［7］ XIONG L Y，LI S J，TANG G A，et al.Geomorphometry and terrain analysis： data，methods，platforms and applications ［J］. Earth-science reviews，2022， 233：104191.

［8］ CHEN Y M，ZHOU Q M.A scale-adaptive DEM for multi-scale terrain analysis［J］.International journal of geographical information science，2013， 27（7）：1329-1348.

［9］ SCHILLACI C，BRAUN A，KROPÁČEK J.Chapter 2.4.2.：Terrain analysis and landform recognition ［M］//CLARKE L，NIELD J. Geomorphological Techniques.London：British Society for Geomorphology，2015.

［10］汤国安，刘学军，闾国年.数字高程模型及地学分析的原理与方法［M］.北京：科学出版社，2005.

［11］ ZHOU Q M，CHEN Y M.Generalization of DEM for terrain analysis using a compound method［J］.ISPRS journal of photogrammetry and remote sensing，2011，66（1）：38-45.

［12］ RAMIREZ J R.A new approach to relief representation［J］.Surveying and land information science，2006，66（1）：19-25.

［13］ WIKIPEDIA.Surfaces represented by a Digital Surface Model and Digital Terrain Model ［EB/OL］.（2015-10-16）［2023-07-24］. https：//en. wikipedia.org/wiki/File：DTM_DSM.svg.

［14］ GUAN H Y，LI J，YU Y T，et al.DEM generation from lidar data in wooded mountain areas by cross-section-plane analysis［J］.International journal of remote sensing，2014，35（3）：927-948.

［15］ WILSON J P，GALLANT J C.Chapter 1：Digital terrain analysis［M］// WILSON J P，GALLANT J C.Terrain analysis：Principles and applications. New York：John Wiley & Sons，Inc.，2000：1-27.

［16］ HODGES R E，CHEN J C，RADWAY M R，et al.An extremely large ka-band reflectarray antenna for interferometric synthetic aperture radar： enabling next-generation satellite remote sensing［J］.IEEE antennas and propagation magazine，2020，62（6）：23-33.

［17］ NELSON A，REUTER H I，GESSLER P.Chapter 3 DEM production

methods and sources[M]//BOLT G H.Developments in Soil Science. Amsterdam:Elsevier,2009:65-85.

[18] FLOOD M.Laser altimetry:from science to commercial lidar mapping[J]. Photogrammetric engineering and remote sensing,2001,67:1209-1218.

[19] PFEIFER N,BRIESE C.Laser scanning:principles and applications[C]// GeoSiberia 2007 - International Exhibition and Scientific Congress, Novosibirsk,Russia.European Association of Geoscientists & Engineers, 2007:1-20.

[20] LLOYD C D,ATKINSON P M.Deriving ground surface digital elevation models from LiDAR data with geostatistics[J].International journal of geographical information science,2006,20(5):535-563.

[21] KOBLER A,PFEIFER N,OGRINC P,et al.Repetitive interpolation:a robust algorithm for DTM generation from Aerial Laser Scanner Data in forested terrain[J].Remote sensing of environment,2007,108(1):9-23.

[22] MUHADI N A,ABDULLAH A F,BEJO S K,et al.The use of LiDAR-derived DEM in flood applications:a review[J].Remote sensing,2020,12 (14):2308.

[23] EVANS I S.Geomorphometry and landform mapping:what is a landform? [J].Geomorphology,2012,137(1):94-106.

[24] CHEN Q.Airborne lidar data processing and information extraction[J]. Photogrammetric engineering and remote sensing,2007,73(2):109-112.

[25] USGS.What is the difference between lidar data and a digital elevation model (DEM)? [EB/OL].[2023-07-24].https://www.usgs.gov/faqs/ what-difference-between-lidar-data-and-digital-elevation-model-dem.

[26] CloudCompare [EB/OL].[2023-07-24].https://www.cloudcompare.org/ doc/wiki/index.php/CSF_%28plugin%29.

[27] SILVÁN-CÁRDENAS J L,WANG L.A multi-resolution approach for filtering LiDAR altimetry data[J].ISPRS journal of photogrammetry and remote sensing,2006,61(1):11-22.

[28] KRAUS K,PFEIFER N.Advanced DTM generation from LIDAR data [J].International archives of photogrammetry remote sensing and spatial information sciences,2001,34(3/W4):23-30.

[29] ZHANG K Q,WHITMAN D.Comparison of three algorithms for filtering airborne lidar data[J].Photogrammetric engineering & remote

sensing,2005,71(3):313-324.

[30] SUSAKI J.Adaptive slope filtering of airborne LiDAR data in urban areas for digital terrain model (DTM) generation[J].Remote sensing,2012,4(6):1804-1819.

[31] SAMPATH A,SHAN J.Building boundary tracing and regularization from airborne LiDAR point clouds[J].Photogrammetric engineering & remote sensing,2007,73(7):805-812.

[32] ZHANG K Q,CHEN S C,WHITMAN D,et al.A progressive morphological filter for removing nonground measurements from airborne LIDAR data[J]. IEEE transactions on geoscience and remote sensing,2003,41(4):872-882.

[33] PINGEL T J,CLARKE K C,MCBRIDE W A.An improved simple morphological filter for the terrain classification of airborne LIDAR data [J].ISPRS journal of photogrammetry and remote sensing,2013,77:21-30.

[34] 常兵涛,陈传法,郭娇娇,等.机载 LiDAR 点云分块插值滤波[J].红外与激光工程,2021,50(9):20200369.

[35] LEE H S,YOUNAN N H.DTM extraction of LiDAR returns via adaptive processing[J].IEEE transactions on geoscience and remote sensing,2003,41(9):2063-2069.

[36] MONTEALEGRE A L,TERESA LAMELAS M,DE LA RIVA J.A comparison of open-source LiDAR filtering algorithms in a Mediterranean forest environment[J].IEEE journal of selected topics in applied earth observations and remote sensing,2015,8(8):4072-4085.

[37] CHEN Z Y,GAO B B,DEVEREUX B.State-of-the-art:DTM generation using airborne LIDAR data[J].Sensors,2017,17(12):150.

[38] VOSSELMAN G.Slope based filtering of laser altimetry data [J]. International archives of photogrammetry and remote sensing,2000,33(B3/2;PART 3):935-942.

[39] WAN P,ZHANG W M,SKIDMORE A K,et al.A simple terrain relief index for tuning slope-related parameters of LiDAR ground filtering algorithms[J].ISPRS journal of photogrammetry and remote sensing,2018,143:181-190.

[40] KILIAN J,HAALA N,ENGLICH M.Capture and evaluation of airborne laser scanner data [J].International archives of photogrammetry and

remote sensing,1996,31:383-388.

[41] LOHMANN P,KOCH A,SCHAEFFER M.Approaches to the filtering of laser scanner data [J]. International archives of photogrammetry and remote sensing,2000,33(B3):540-547.

[42] HUI Z Y, HU Y J, YEVENYO Y, et al. An improved morphological algorithm for filtering airborne LiDAR point cloud based on multi-level kriging interpolation[J].Remote sensing,2016,8(1):35.

[43] LI Y,WU H Y,XU H W,et al.A gradient-constrained morphological filtering algorithm for airborne LiDAR[J].Optics & laser technology, 2013,54:288-296.

[44] EVANS J S, HUDAK A T. A multiscale curvature algorithm for classifying discrete return LiDAR in forested environments [J]. IEEE transactions on geoscience and remote sensing,2007,45(4):1029-1038.

[45] MENG X L,CURRIT N,ZHAO K G.Ground filtering algorithms for airborne LiDAR data:a review of critical issues[J].Remote sensing,2010, 2(3):833-860.

[46] ZHANG J X, LIN X G. Filtering airborne LiDAR data by embedding smoothness-constrained segmentation in progressive TIN densification [J]. ISPRS journal of photogrammetry and remote sensing, 2013, 81: 44-59.

[47] FANG H T， HUANG D S.Noise reduction in lidar signal based on discrete wavelet transform[J].Optics communications,2004,233(1/2/3): 67-76.

[48] O'NEIL G L,GOODALL J L,WATSON L T.Evaluating the potential for site-specific modification of LiDAR DEM derivatives to improve environmental planning-scale wetland identification using Random Forest classification[J].Journal of hydrology,2018,559:192-208.

[49] FORLANI G, NARDINOCCHI C. Adaptive filtering of aerial laser scanning data [J]. International archives of photogrammetry, remote sensing and spatial information sciences,2007,36 (3/W52):130-135.

[50] DEILAMI K,HASHIM M.Very high resolution optical satellites for DEM generation:a review[J].European journal of scientific research, 2011,49(4):542-554.

[51] ZHANG S.RASTER ANALYSIS-3[EB/OL].[2023-07-24].https://edacftp.

unm. edu/szhang/Continuing _ Education/GIS _ Advanced/RasterAnalysis-3/ Lecture/L3_RasterAnalysis-3.pdf.

[52] FUSE T, IMOSE K. Comparative analysis of digital elevation model generation methods based on sparse modeling[J]. Remote sensing, 2023, 15(11):2714.

[53] YANG P, AMES D P, FONSECA A, et al. What is the effect of LiDAR-derived DEM resolution on large-scale watershed model results? [J]. Environmental modelling & software, 2014, 58:48-57.

[54] GUAN Q F, KYRIAKIDIS P C, GOODCHILD M F. A parallel computing approach to fast geostatistical areal interpolation[J]. International journal of geographical information science, 2011, 25(8):1241-1267.

[55] United Nations. Copernicus releases 30 m Digital Elevation Model[EB/OL]. [2023-07-24]. https://www. un-spider. org/news-and-events/news/copernicus-releases-30m-digital-elevation-model.

[56] HENGL T. Finding the right pixel size[J]. Computers & geosciences, 2006, 32(9):1283-1298.

[57] MCCULLAGH M J. Terrain and surface modelling systems: theory and practice[J]. The photogrammetric record, 1988, 12(72):747-779.

[58] FISHER P F, TATE N J. Causes and consequences of error in digital elevation models[J]. Progress in physical geography: earth and environment, 2006, 30(4):467-489.

[59] Open Topography. Find topography data[EB/OL]. [2023-07-24]. https://portal.opentopography.org/datasets.

第 3 章　地形要素的计算参数

3.1　地形要素计算参数

　　数字地貌形态提取通常需要地表参数提取表征值(地表参数)和/或空间特征(地表对象)。地形要素参数又称为主要地表参数,或基本地表参数,可直接从数字高程模型中计算得到,不需要顾及区域的地貌与地形信息。地表参数可以分为主要参数与次要参数[1]。主要参数包括坡度、坡向、平面曲率和剖面曲率;次要参数从主要参数中派生计算得到,用于在数字高程模型上进行基于像元的分析和建模的关键输入,主要包括流道长度、与最近山脊线的接近程度、扩散面积和上坡贡献面积[2-3]。

　　除此之外,学术界提出 30 多个不同类型的主要地表参数,这些参数大多数源于基于经验的探索分析。同时,不同的基本参数所计算的结果可能产生相同的信息。根据地理学第一定律中关于"所有事物都与其他事物相关,但是近处的事物比远处的事物更相关"的现象以及空间相关性与空间自相关性,也有学者基于局部邻域之间的相互作用和距离,将地形要素参数分为局部参数和区域参数,前者属于基本地表参数,后者指除计算参数的确切区域之外的其他部分[4]。

　　表 3-1 列出了最常用的主要和次要地表参数及其意义。

　　迄今为止,在地形要素分类中最广泛使用的地形要素衍生物和地形要素参数包括坡度梯度、剖面和切面曲率、坡向、坡位和坡长[2-3]。这些算法通常在局部 3×3 漫游窗口上运行,无法获取单个栅格单元的上下文信息[3]。最近也有学者提出计算其他更具上下文地形属性的新算法,包括绝对和相对高程、坡长和相对坡位[5]。

　　最后,人们往往忽略主要地表参数在不同尺度背景下的处理问题。由于局部尺度下的地形形状主要描述地形表面上高程值在点与点之间的连续变化,因此对局部和区域地形属性具有巨大的影响。局部地貌因子,如坡度、坡向和曲率是数学变量,而不是现实世界的值。因此地形要素的表征是一个尺度函数,结合了地形的复杂性、数据的尺度或分辨率以及观测地形表面的空间尺度。这样就意味着相同的局部地形要素因子可用于描述不同尺度的地形,而同一地形形状基于不同的尺度可能描述为不同的形状。

表 3-1　主要地表参数和次要地表参数清单及其意义

参数	类型	意义
高程	主要/局部	气候,植被,势能
坡度	主要/局部	降水量,地表水和地下水流速和径流率,土壤含水量
朝向	主要/局部	流向,太阳辐射,蒸散发,植物和动物分布和丰度
剖面曲率	主要/局部	流动加速度和减速度,土壤侵蚀和沉积速率
切面曲率	主要/局部	局部流量汇聚和分散
粗糙度	次要/局部	地形复杂性
高程百分位数	次要/局部	相对景观位置,植物和动物分布和丰度
流宽	次要/局部	流速,径流率和泥沙负荷
上游贡献面积	次要/区域	径流量,土壤含水量,土壤重分配
流程长度	次要/区域	径流量,土壤含水量,土壤重分配
上游高度,高程-海拔比,高程曲线等	次要/区域	高度值的分布,势能,流动特性
上游区域平均坡度	次要/区域	径流速度和可能的其他流动特性
扩散区域平均坡度	次要/区域	土壤排水速率
视觉暴露度	次要/区域	暴露度,太阳辐射,风型
地形湿度指数	次要/区域	区域饱和带(即可变源区)的空间分布和范围,作为上游贡献面积、土壤渗透性和坡度的函数来生成径流
流动动力指数	次要/区域	流动水的冲蚀能力(基于流量与具体集水区面积成比例的假设)

3.2　地形要素参数的导数

3.2.1　坡向导数

坡向导数提供了关于网格表面在指定坡向上的斜率或斜率变化率的信息。由于考虑了指定坡向,因此在给定点,这个斜率或斜率变化率可能不是最陡的斜率。例如,如果指定的坡向是正东坡向,但梯度是正北坡向,那么在该点处,坡向导数的斜率为零。在指定的坡向上,该点处没有斜率,尽管向正北坡向有一个斜率。

坡向导数与地形建模中给出的值不同,地形建模中斜率的坡向被定义为梯度或给定点处最陡上升坡向(即在该点直线上坡)。在上述例子中,地形模型会报告该点处的北向斜率。这两种方法在网格的特定点上会得到不同的值。

设 F 是定义在包括点 P 的定义域内的 X 和 Y 的函数。如果沿着指定坡向从点 P 移动,在 X 轴坡向上,F 的变化率为 $\partial f/\partial x$,而在 Y 轴坡向上,F 的变化率为 $\partial f/\partial y$。

设 $g(x,y)$ 为坡向图中的一点,且 $\Delta g = g(x_B,y_B) - g(x_A,y_A)$,那么,$g(x,y)$ 在 P 点在坡向上的坡向导数为:

$$\lim_{\Delta s \to 0} \frac{\Delta g}{\Delta s} = \frac{\mathrm{d}g}{\mathrm{d}s} = \frac{\partial f}{\partial y} \frac{\partial f}{\partial x} \quad\quad (3\text{-}1)$$

有 3 个坡向导数选项可用:一阶导数、二阶导数和曲率。曲率计算见 3.3.3 节至 3.3.7 节。

3.2.2　一阶导数

坡向导数的一阶导数计算给定坡向上表面的斜率。一阶导数格点文件生成等斜率线地图,显示沿固定坡向的等斜率线。在特定的格点节点位置,如果斜率向上,斜率为正;如果向下,则为负。斜率为上升距离与水平距离之比,当斜率向下或向上的坡向趋近于垂直时,斜率可以接近负无穷或正无穷。

在一个点处的坡向导数等于梯度向量与感兴趣坡向上的单位向量的点积:

$$\frac{\mathrm{d}g}{\mathrm{d}s} = \boldsymbol{\alpha} \cdot \begin{bmatrix} \cos \beta \\ \sin \beta \end{bmatrix} = \left[\frac{\mathrm{d}g}{\mathrm{d}x}, \frac{\mathrm{d}g}{\mathrm{d}y}\right] \cdot \begin{bmatrix} \cos \beta \\ \sin \beta \end{bmatrix} = \frac{\mathrm{d}g}{\mathrm{d}x} \cdot \cos \beta + \frac{\mathrm{d}g}{\mathrm{d}y} \cdot \sin \beta \quad (3\text{-}2)$$

其中,β 是用户指定的角度。使用基于罗盘的格点符号表示,该方程式的形式如下:

$$\frac{\mathrm{d}F}{\mathrm{d}s} \approx \frac{F_e - F_w}{2\Delta x} \cdot \cos \beta + \frac{F_n - F_s}{2\Delta y} \cdot \sin \beta \quad\quad (3\text{-}3)$$

3.2.3　二阶导数

坡向导数的二阶导数计算给定坡向上斜率的变化率。二阶导数格点文件生成等斜率变化率线地图,显示穿过表面的斜率变化率的等值线。如果斜率向上,则变化率为正;如果向下,则为负。

坡向二阶导数是第一坡向导数的坡向导数:

$$\begin{aligned}
\frac{\mathrm{d}^2 g}{\mathrm{d}^2 s} &= \frac{\mathrm{d}\left[\dfrac{\mathrm{d}g}{\mathrm{d}s}\right]}{\mathrm{d}s} \\
&= \frac{\mathrm{d}\left[\dfrac{\mathrm{d}g}{\mathrm{d}x}\cos \beta + \dfrac{\mathrm{d}g}{\mathrm{d}y}\sin \beta\right]}{\mathrm{d}s} \\
&= \frac{\mathrm{d}^2 g}{\mathrm{d}x^2} \cdot \cos^2 \beta + 2\frac{\mathrm{d}^2 g}{\mathrm{d}x\,\mathrm{d}y} \cdot \cos \beta \cdot \sin \beta + \frac{\mathrm{d}^2 g}{\mathrm{d}y^2} \cdot \sin^2 \beta
\end{aligned} \quad\quad (3\text{-}4)$$

3.3 地形要素参数

3.3.1 坡度

3.3.1.1 坡度概述

坡度是水平面和表面平面切线之间的角度，描述斜坡的斜度，常用于描述地形斜坡的陡峭程度，或用于定量表征重力场中高程变化最大速率的指标。坡度的范围从 0°到 90°，坡度值越小，地势越平坦；坡度值越大，地势越陡峭。

基于数字高程模型可生成记录坡度的栅格数据，每个像元的值代表坡度。地形坡度以度为单位，从 0°（水平）到 90°（垂直）不等。对于表面上的特定点，地形坡度基于该点的最陡下降或上升坡向（地形方位角）。这意味着在表面上，梯度坡向可以发生变化。地形坡度的格点文件可以生成等最陡坡度线地图，显示沿着最陡坡度的等值线。此操作类似于第一坡向导数定义表面上任意点的斜率，但更强大，因为它自动定义了地图上每个点的梯度坡向。

在数字高程模型上某一点 P，该点的坡度 S 是该点梯度的大小。根据梯度的定义：

$$S = \sqrt{\left(\frac{\partial f}{\partial x}\right)^2 + \left(\frac{\partial f}{\partial y}\right)^2} \qquad (3-5)$$

使用基于罗盘的格点符号的差分方程式为：

$$S \approx \sqrt{\left(\frac{F_e - F_w}{2\Delta x}\right)^2 + \left(\frac{F_n - F_s}{2\Delta y}\right)^2} \qquad (3-6)$$

地形坡度用角度 S_T 表示，与地形建模文献[6]保持一致：

$$S_T \approx \frac{360}{2\pi} \cdot \arctan\left[\sqrt{\left(\frac{F_e - F_w}{2\Delta x}\right)^2 + \left(\frac{F_n - F_s}{2\Delta y}\right)^2}\right] \qquad (3-7)$$

3.3.1.2 坡度参数计算方法（以 ArcGIS 为例）

ArcGIS 计算坡度效果示例如图 3-1 所示。

输出坡度栅格可使用两种单位计算：度和百分比。

基于 3 像元×3 像元的邻域（移动窗口），有两种方法可用于坡度计算：平面计算和测地线计算。

对于平面方法，基于 2D 笛卡尔坐标系的投影平面，计算一个像元到与其相邻的像元坡向上值的最大变化率，然后对比其相邻的 8 个像元之间距离的变化而产生的最大变化率，从而识别自该像元开始的最陡坡降。

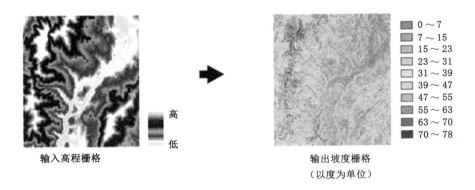

图例
▨	0～7
▨	7～15
▨	15～23
▨	23～31
▨	31～39
▨	39～47
▨	47～55
▨	55～63
▨	63～70
▨	70～78

输入高程栅格

输出坡度栅格
（以度为单位）

图 3-1　基于 ArcGIS 计算坡度效果示例

对于测地线方法,将地球形状视为椭球体,基于 3D 地心坐标系,通过表征地形面与参考基准面之间的角度来计算坡度值。

3.3.2　坡向

3.3.2.1　坡向概述

坡向基于北面顺时针表征,是高程梯度的方位角。在图像处理和模式识别中,坡向或朝向被视为重要元素。在地貌地形中,坡向定义为某些文献中的坡向,用于描述地表的下坡坡向或河流流向的坡向,用于识别每个位置的下坡坡度所面对的罗盘坡向。

坡向计算每个网格节点处最陡斜坡的下坡坡向(即倾斜坡向)。它是垂直于表面上等高线的坡向,与梯度坡向完全相反。坡向以方位角度数报告,其中 $0°$ 指向正北,$90°$ 指向正东。

假设 A_T 为坡向(以度为单位,而不是弧度),其计算公式如下:

$$A_T = 270 - \frac{360}{2\pi} \cdot \text{atan2}\left[\frac{\partial f}{\partial y}, \frac{\partial f}{\partial x}\right] \tag{3-8}$$

该方程的基于罗盘的格点符号版本为:

$$A_T \approx 270 - \frac{360}{2\pi} \cdot \text{atan2}\left[\frac{F_n - F_s}{2\Delta y}, \frac{F_e - F_w}{2\Delta x}\right] \tag{3-9}$$

3.3.2.2　坡向参数计算方法(以 ArcGIS 为例)

ArcGIS 计算坡向效果示例如图 3-2 所示。

坡向工具可确定下坡坡度所面对的坡向。输出栅格中各像元的值可指示出各像元位置处表面所朝向的罗盘坡向。将按照顺时针坡向进行表征,角度范围介于 $0°$(正北)到 $360°$(仍是正北)之间,即完整的圆。不具有下坡坡向的平坦区

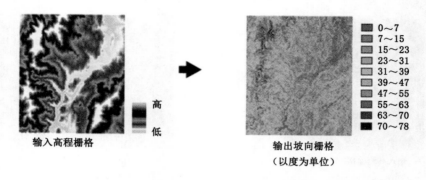

图 3-2　基于 ArcGIS 计算坡向效果示例

域将赋值为一1。

　　基于 3 像元×3 像元的邻域(移动窗口),有两种方法可用于坡向计算:平面计算和测地线计算。

　　对于平面计算方法,基于 2D 笛卡尔坐标系的投影平面,访问窗口中的每个像元,对于位于窗口中心的每个像元,其坡向值将通过包含该像元 8 个相邻像元值的算法进行计算。然后,坡向值将根据以下规则转换为罗盘坡向值(0°到 360°):正北方向为 0°;正东方向为 90°;正南方向为 180°;正西方向为 270°。

　　对于测地线计算方法,将地球形状视为椭球体,基于 3D 地心坐标系,通过测地坐标(纬度 φ、经度 λ、高度 h)转换为 X、Y、Z 坐标。对平面进行拟合后,在像元位置处计算与椭球体表面的切平面垂直的椭球体法线。详细方法可参阅:https://pro. arcgis. com/zh-cn/pro-app/latest/tool-reference/3d-analyst/how-aspect-works.htm。

3.3.3　曲率

　　曲率是定义在沿指定坡向轮廓线上切平面倾斜角度变化率的度量。曲率报告为变化率的绝对值,类似于二阶导数。

　　表面 g 的坡向曲率的数学公式为:

$$C_s = \frac{\left| \dfrac{\mathrm{d}^2 g}{\mathrm{d}s^2} \right|}{\left[1 + \left(\dfrac{\mathrm{d}g}{\mathrm{d}s}\right)^2\right]^{\frac{3}{2}}} \qquad (3\text{-}10)$$

$$C_\beta = \frac{\left| \dfrac{\mathrm{d}^2 g}{\mathrm{d}x^2}\cos^2 \beta + 2\dfrac{\mathrm{d}^2 g}{\mathrm{d}x\,\mathrm{d}y}\cos \beta \cdot \sin \beta + \dfrac{\mathrm{d}^2 g}{\mathrm{d}y^2}\sin^2 \beta \right|}{\left[1 + \left(\dfrac{\mathrm{d}g}{\mathrm{d}s}\cos \beta + \dfrac{\mathrm{d}g}{\mathrm{d}y}\sin \beta\right)^2\right]^{\frac{3}{2}}} \qquad (3\text{-}11)$$

同时,通常将凸形地球表面的曲率符号写为正,而将凹形地球表面的曲率符号写为负。也就是说,凸的切面曲率表示水流分散,凹的切面曲率表示水流汇聚。凸轮廓曲率表示流动加速和局部势能增加,而凹轮廓曲率表示斜坡变平,因此势能下降。

ArcGIS 计算曲率效果示例如图 3-3 所示。

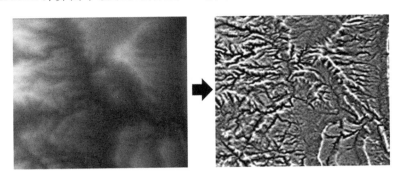

图 3-3　基于 ArcGIS 计算曲率效果示例

3.3.4　剖面曲率(profile curvature)

3.3.4.1　剖面曲率计算

剖面曲率确定在每个网格节点处,在梯度坡向(坡度坡向相反)中坡度的下降或上升变化率。通过计算表面上每个点的下降坡向,然后确定该点沿该坡向的坡度变化率。负值为向上凸面,表示水在表面上减缓流动;正值为向上凹面,表示水在表面上加速流动。

剖面曲率 C_a 由下式计算:

$$C_a = \frac{\left(\dfrac{\partial^2 f}{\partial x^2}\right)\left(\dfrac{\partial f}{\partial x}\right)^2 + 2\left(\dfrac{\partial^2 f}{\partial x \partial y}\right)\left(\dfrac{\partial f}{\partial x}\right)\left(\dfrac{\partial f}{\partial y}\right) + \left(\dfrac{\partial^2 f}{\partial y^2}\right)\left(\dfrac{\partial f}{\partial y}\right)^2}{ab^{3/2}} \tag{3-12}$$

其中:

$$a = \left(\frac{\partial f}{\partial x}\right)^2 + \left(\frac{\partial f}{\partial y}\right)^2 \tag{3-13}$$

$$b = 1 + a$$

3.3.4.2　剖面曲率的表示(以 ArcGIS 为例)

剖面曲率与坡面平行,并指示最大坡度的坡向,其影响流经某表面的流的加速和减速。如图 3-4 所示,剖面曲率为负[图 3-4(a)]说明该像元的表面向上凸,流速将减小;剖面曲率为正[图 3-4(b)]说明表面开口朝上凹入,流速将增大;剖面曲率为 0［图 3-4（c）］说明表面为线性。

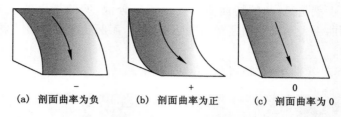

（a）剖面曲率为负　　　　（b）剖面曲率为正　　　　（c）剖面曲率为 0

图 3-4　剖面曲率示例[7]

3.3.5　平面曲率（plane curvature）

3.3.5.1　平面曲率计算

平面曲率反映了在水平平面内表征的地形方位角度数的变化率，并且是轮廓曲率的一种度量。负值表示表面上的水流汇聚，正值表示水流分散。

平面曲率 C_H 由下式给出：

$$C_H = \frac{\left(\dfrac{\partial^2 f}{\partial x^2}\right)\left(\dfrac{\partial f}{\partial y}\right)^2 - 2\left(\dfrac{\partial^2 f}{\partial x \partial y}\right)\left(\dfrac{\partial f}{\partial x}\right)\left(\dfrac{\partial f}{\partial y}\right) + \left(\dfrac{\partial^2 f}{\partial y^2}\right)\left(\dfrac{\partial f}{\partial x}\right)^2}{a^{3/2}} \tag{3-14}$$

其中：

$$a = \left(\frac{\partial f}{\partial x}\right)^2 + \left(\frac{\partial f}{\partial y}\right)^2 \tag{3-15}$$

3.3.5.2　平面曲率的表示（以 ArcGIS 为例）

平面曲率（通常称为面曲率）垂直于最大坡度的坡向。平面曲率与流经表面的流的汇聚和分散有关。如图 3-5 所示：平面曲率为正［图 3-5（a）］说明该像元的表面横向凸起；平面曲率为负［图 3-5（b）］说明该像元的表面横向凹入；平面曲率为 0［图 3-5（c）］说明表面为线性。

（a）平面曲率为正　　　　（b）平面曲率为负　　　　（c）平面曲率为 0

图 3-5　平面曲率示例[7]

3.3.6　切面曲率（tangential curvature）

切面曲率表征与垂直于梯度坡向的垂直平面或与轮廓相切的切平面相关的

曲率。负值和正值区域与平面曲率相同,但曲率值不同。切面曲率与平面曲率 C_H 的正弦相关。

切面曲率 C_T 由下式给出:

$$C_T = \frac{\left(\frac{\partial^2 f}{\partial x^2}\right)\left(\frac{\partial f}{\partial y}\right)^2 - 2\left(\frac{\partial^2 f}{\partial x \partial y}\right)\left(\frac{\partial f}{\partial x}\right)\left(\frac{\partial f}{\partial y}\right) + \left(\frac{\partial^2 f}{\partial y^2}\right)\left(\frac{\partial f}{\partial x}\right)^2}{ab^{1/2}} \quad (3\text{-}16)$$

其中:

$$a = \left(\frac{\partial f}{\partial x}\right)^2 + \left(\frac{\partial f}{\partial y}\right)^2 \quad (3\text{-}17)$$

$$b = 1 + a$$

剖面曲率、平面曲率与切面曲率的区别如图 3-6 所示。图 3-6 中,两个垂直的平面分别为剖面曲率和平面曲率,下方横切的平面为切面曲率。

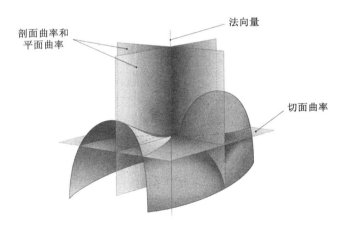

图 3-6　剖面曲率、平面曲率与切面曲率的区别[8]

3.3.7　其他曲率

3.3.7.1　差异曲率

差异曲率等于垂直曲率和水平曲率之差的一半,主要用于显示水平和垂直坡向哪种积累机制更加活跃。

3.3.7.2　垂直过剩曲率与水平过剩曲率

垂直过剩曲率是差异曲率和同一点可能的最小曲率的差,即最小曲率之间的差异。类似地,水平过剩曲率描述了差异曲率比最小曲率大的程度。垂直过剩曲率与水平过剩曲率是非负的,因为在给定点的任何法向截面的曲率都不小于最小曲率。

3.3.7.3　总环曲率

总环曲率定义为垂直过剩曲率与水平过剩曲率的乘积,是非负的,表征流线的扭曲程度,而不考虑流线顺时针或逆时针坡向的转向。因为垂直过剩曲率与水平过剩曲率都大于等于 0,而且,任何具有垂直对称轴的径向对称表面的总环曲率都等于零。

3.3.7.4　总积累曲率

总积累曲率定义为垂直曲率与水平曲率的乘积。对于在极坐标下描述为极角函数且不依赖于半径的任何表面形态,总积累曲率都等于零。

参考文献

［1］ PIKE R J,EVANS I S,HENGL T.Chapter 1 geomorphometry:a brief guide［M］//BOLT G H. Developments in Soil Science. Amsterdam: Elsevier,2009:3-30.

［2］ MACMILLAN R A,SHARY P A.Chapter 9 landforms and landform elements in geomorphometry［M］//BOLT G H. Developments in Soil Science.Amsterdam:Elsevier,2009:227-254.

［3］ EVANS I S.Geomorphometry and landform mapping:what is a landform? ［J］.Geomorphology,2012,137(1):94-106.

［4］ OLAYA V,CONRAD O.Chapter 12 geomorphometry in SAGA［M］// BOLT G H. Developments in Soil Science. Amsterdam: Elsevier, 2009: 293-308.

［5］ MOKARRAM M,SATHYAMOORTHY D. A review of landform classification methods［J］. Spatial information research, 2018, 26 (6): 647-660.

［6］ MOORE I D,GESSLER P E,NIELSEN G A E,et al. Soil attribute prediction using terrain analysis［J］. Soil science society of America journal,1993,57(2):443-452.

［7］ ArcGIS Desktop.曲率函数［EB/OL］.［2023-07-24］.https://desktop.arcgis. com/zh-cn/arcmap/latest/manage-data/raster-and-images/curvature-function.htm.

［8］ WIKIPEDIA. Principal curvature［EB/OL］.［2023-07-24］. https://en. wikipedia.org/wiki/Principal_curvature#/media/File:Minimal_surface_curvature_planes-en.svg.

第 4 章　地形要素的尺度与粒度表达

4.1　地形要素尺度(高程)

4.1.1　地貌形态尺度概念

尺度一直是地形分析的一个基本焦点和关键属性,空间分辨率或尺度对于地貌表征与地貌分析具有重要影响,基于数字高程模型的地貌表征在多个尺度上的变化非常显著[1-2]。空间分辨率不仅影响数字高程模型数据中高程值的精度,还影响其导数(曲率和坡度)产生的特征提取结果。

目前,对地观测系统和空间网络基础设施的快速发展使得高空间分辨率数字高程模型可以用于数字地形分析过程中完成地貌的细节表征,但也使得尺度变化对地貌表征的影响变得更加显著。许多先前的研究已经探索了尺度效应对地形要素检测的影响[3-4]。这些研究主要分析了不依赖尺度方法在中等分辨率数字高程模型上的实用性。相比较于中等分辨率数字高程模型数据,高分辨率数字高程模型可能包含椒盐噪声、人工特征、树木等。此外,一些小型地貌特征(如坡度变形)在高分辨率数字高程模型下有可能被视为噪声,因为它们对地貌表征来说太小而"没有意义"。

因此,地貌学家关注的是在几米尺度下平滑的地表。例如在坡度剖面表征中,往往忽视微小凸起和凹陷(微地形)的影响,基本方法是排除个体颗粒(石头)、小凸起和凹陷,以及重复的微地形,甚至颗粒大的石头通常也会被排除。图 4-1 显示了多尺度地形的不同,基于不同空间分辨率数字高程模型(不同尺度地形)得到的坡向图,可以看出同一地形在不同尺度下差别非常显著。

4.1.2　基于地形要素的多尺度表征

有研究[6]评估了 4 种不依赖尺度技术(包括空间滤波、空间金字塔、多尺度分割与空间-上下文方法)在高空间分辨率数字高程模型上的多尺度地形要素检测中的性能,以支持高分辨率数字高程模型上的多尺度形态特征检测。

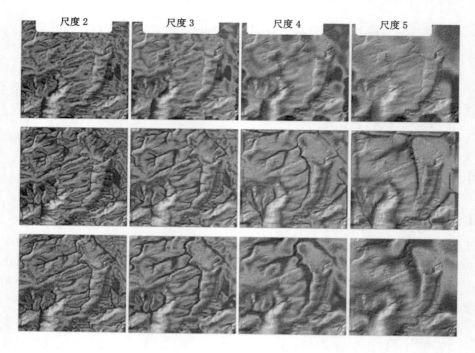

图 4-1　多尺度地貌示例[5]

图 4-2 比较了不同的多尺度地形要素检测方法的工作流程。空间金字塔使用插值或下采样方法在多个尺度上表示数字高程模型内容。空间滤波通过使用空间滤波平滑原始数字高程模型来生成缩放的数字高程模型。多尺度分割将地貌对象分成不同的有意义的区域，使用一系列参数，如分割区域的总数等。空间-上下文方法通过针对目标像元［图 4-2(d)中的中心点像元］的上下文宽度生成地形要素检测的缩放结果。

4.1.2.1　空间金字塔

图 4-2(a)说明了空间金字塔的原理，通过不同程度的下采样将原始数字高程模型创建成一个尺度空间。在较早的尺度数字高程模型中，一组像元被聚合到后续尺度的一个像元中。在图 4-2(a)中，尺度为 1 的数字高程模型中较亮像元的值是通过融合原始数字高程模型(尺度为 0)中所有较亮像元得到的。此外，尺度为 2 的数字高程模型中较暗像元的值是通过聚类尺度为 1 的数字高程模型中的所有像元得到的。

假设原始数字高程模型为数字高程模型 $\theta = 0, (x, y)$，其中 θ 表示尺度的程度，x 和 y 指原始数字高程模型的维度。使用空间金字塔创建的缩放数字高程

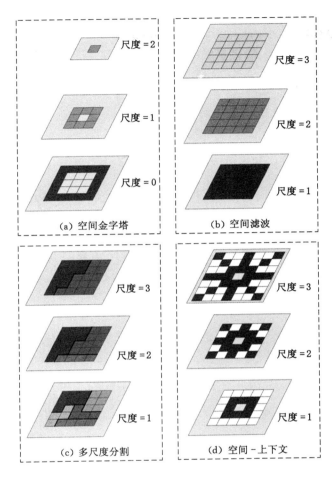

图 4-2　空间金字塔、空间滤波、多尺度分割与空间-上下文方法的多尺度表达结构[6]

模型表示如下：

$$\mathrm{DEM}_{\theta=s,(x/(s\times p),y/(s\times p))} = f(s\times p)\times\mathrm{DEM}_{\theta=0,(x,y)} \qquad (4\text{-}1)$$

式中：p 表示下采样填充；$f(\cdot)$ 是将前一个尺度的数字高程模型中一组像元聚合成后一个尺度的数字高程模型像元的函数，常用的函数包括最大化、最小化、平均化和样条插值。

　　例如，存在一个原始数字高程模型：数字高程模型 $\mathrm{DEM}_{\theta=0,(1\,000,1\,000)}$，其维度为 1 000 像元×1 000 像元。将下采样填充设置为 2，创建的下两个缩放数字高程模型分别为数字高程模型 $\mathrm{DEM}_{\theta=1,(1\,000/(1\times2),1\,000/(1\times2))}$ 和数字高程模型 $\mathrm{DEM}_{\theta=2,(1\,000/(2\times2),1\,000/(2\times2))}$。这两个缩放数字高程模型的维度分别

为 500 像元×500 像元和 250 像元×250 像元。

利用三元化二值模式（Ternary Binary Pattern，TBP）[7]基于不同尺度的数字高程模型检测地形要素，×是检测操作符。通过空间金字塔生成的多尺度结果表示如下：

- 尺度 1 结果：TBP×数字高程模型 $DEM_{\theta=0,(x,y)}$；
- 尺度 2 结果：TBP×数字高程模型 $DEM_{\theta=1,(x,y)}$；
$\vdots$
- 尺度 k 结果：TBP×数字高程模型 $DEM_{\theta=k-1,(x,y)}$。

4.1.2.2 空间滤波

图 4-2(b)说明了空间滤波的工作原理，使用空间滤波（或卷积核）基于一组该像元的相邻像元计算原始数字高程模型中像元的新值。先前的研究报告了一些卷积模板或卷积核，这些卷积核由计算机视觉领域的研究定义，用于处理数字高程模型[8-9]。利用高斯卷积核，是考虑到其将原始数据空间转换为无限维空间的基本能力。

图 4-3 显示了空间滤波如何处理原始数字高程模型中的每个像元。左侧的图片是 3 像元×3 像元卷积模板，包括 8 个权重：$w_1,w_2,\cdots,w_8$；中间的图片是像元（CP）及其相邻像元的值；右侧的图片是滤波后此像元（CP_1）的新值。空间滤波的表达式如下所示：

$$CP_1 = \sum_{k=1}^{\delta} w_k \times P_k \tag{4-2}$$

式中：w_k 指卷积模板的权重；P_k 指相邻像元的值；δ 为滤波模板的像元数量，在图 4-3 所示例子中，$\delta=8$。

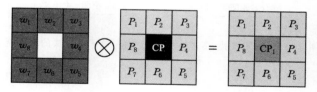

图 4-3 基于数字高程模型的空间滤波示例

假设有原始数字高程模型：数字高程模型(X,Y)，其中 X 和 Y 分别是原始数字高程模型的水平和垂直维度。高斯卷积核的表达式如下所示：

$$G_\sigma(x_0,y_0) = -\frac{1}{\pi\sigma^4}\left(1 - \frac{x_0^2+y_0^2}{2\sigma^2}\right) e^{-\frac{x_0^2+y_0^2}{2\sigma^2}} \tag{4-3}$$

式中：x_0 和 y_0 是高斯卷积核的水平和垂直维度，通常 $x_0=y_0$；σ 指高斯标准差，控制平滑程度，通过增加 σ，模糊后像元之间的高程差异会成比例地减小。然

后,假设 $\otimes$ 是滤波操作符,通过滤波生成的多尺度结果表示如下:

- 尺度 1 结果:数字高程模型 $DEM_{\theta=0,(x,y)}$;
- 尺度 2 结果:$G_\sigma = 1 \otimes$ 数字高程模型 $DEM_{\theta=0,(x,y)}$;
- ⋮
- 尺度 k 结果:$G_\sigma = (k-1) \otimes$ 数字高程模型 $DEM_{\theta=0,(x,y)}$。

4.1.2.3　多尺度分割

如图 4-2(c)所示,基于剖面曲率图进行了多尺度分割。采用了一种先进的多尺度分割方法,称为简单线性迭代聚类(simple linear iterative clustering, SLIC)[10]。SLIC 通过基于强度距离和空间距离对一组像元进行聚类来创建超像元。对于地形要素检测,SLIC 中的图像强度可以是基于高程的导数,例如高程、坡度、曲率和坡向。通过 SLIC 将原始数字高程模型划分为多个区域,生成缩放的地形要素检测结果。

假设原始数字高程模型为数字高程模型(x,y),其中 x 和 y 指原始数字高程模型的维度。基于曲率进行多尺度分割,因为曲率属性在以前的地貌表征工作中被广泛使用。在 SLIC 分割中,聚类一组像元的距离表示如下:

$$D_{\text{total}} = D_{\text{curv}} + \frac{\theta}{\sqrt{N}} \times D_{xy} \tag{4-4}$$

式中:θ 表示空间距离和曲率差异之间的比率;N 表示分割区域的近似数量, D_{curv} 和 D_{xy} 分别表示曲率距离和空间距离。

此外,假设 SEG_{num} 是分割函数,其中 num 指分割图像区域的近似数量,$\times$ 是分割操作符,且 $n_1 > n_2 > \cdots > n_k$。基于相同的 θ,利用多尺度分割创建的尺度框架如下所示:

- 尺度 1 结果:$SEG_{n_1} \times$ 数字高程模型 $DEM_{\theta=0,(x,y)}$;
- 尺度 2 结果:$SEG_{n_2} \times$ 数字高程模型 $DEM_{\theta=0,(x,y)}$;
- ⋮
- 尺度 k 结果:$SEG_{n_k} \times$ 数字高程模型 $DEM_{\theta=0,(x,y)}$。

4.1.2.4　空间-上下文方法

在代表连续地表的高分辨率数字高程模型中,像元的值会受到其相邻像元的影响。如图 4-2(d)所示,空间-上下文方法[11]计算一个像元与其相邻像元之间的关系,涵盖多个距离或多个比率。距离指像元与其相邻像元之间的长度。方法的关键点如下式所示:

$$S_{\theta=d,(x,y)} = \sum_{d=1}^{k} w_d \times R(\text{CP}, \text{NP}_d) \tag{4-5}$$

式中:d 是距离的索引;CP 表示数字高程模型中的一个像元;NP_d 是距离 CP 为

d 的相邻像元;$R(\mathrm{CP}, \mathrm{NP}_d)$ 是一个函数,用于计算 CP 和 NP_d 之间的关系(高于、等于或低于);w_d 表示权重。空间-上下文方法的简要工作流程包括 5 个步骤,具体流程可参阅文献[11]。

在图 4-2(d)中,尺度=1 内数字高程模型中较亮像元的值基于其距离=1 的相邻像元(较暗像元)而确定。尺度=2 内数字高程模型中较亮像元的值基于其距离=1 和 2 的相邻像元(较暗像元)而确定。尺度=3 内数字高程模型中较亮像元的值基于其距离=1、2 和 3 的相邻像元(较暗像元)而确定。

假设 $S_{\theta=0,(x,y)}$ 是从像元中提取的上下文信息,通过空间-上下文方法生成的多尺度结果表示如下:

- 尺度 1 结果:$S_{\theta=0,(x,y)} \times$ 数字高程模型 $\mathrm{DEM}_{\theta=0,(x,y)}$;
- 尺度 2 结果:$S_{\theta=1,(x,y)} \times$ 数字高程模型 $\mathrm{DEM}_{\theta=0,(x,y)}$;
- ⋮
- 尺度 k 结果:$S_{\theta=k,(x,y)} \times$ 数字高程模型 $\mathrm{DEM}_{\theta=0,(x,y)}$。

4.1.3　基于地形要素的多尺度表征评价

4.1.3.1　评价指标

基于尺度理论:① 降低原始数字高程模型的分辨率会导致低分辨率数字高程模型中像元总数的减少;② 如果一个像元是真正的地形要素,则它在每个尺度上应为正。因此,提出一个指标来定量评估与衡量地形要素检测的两个不同尺度结果之间的比率,如下所示:

$$\begin{cases} \vartheta_1 = \mathrm{Num}_{\mathrm{scale+}} - \mathrm{Num}_{\mathrm{scale-}} \\ \vartheta_2 = \mathrm{Num}_{\mathrm{scale-}} - \mathrm{Num}_{\mathrm{scale+}} \end{cases} \tag{4-6}$$

式中:$\mathrm{Num}_{\mathrm{scale+}}$ 表示较大尺度内地形要素检测的结果;$\mathrm{Num}_{\mathrm{scale-}}$ 表示较小尺度内地形要素检测的结果。

地形要素的详细结构从精细尺度表示,而地形要素的一般结构则由粗糙尺度表示。基于这个结论评估了上述不同多尺度技术的性能。

图 4-4~图 4-7 分别提供了基于空间金字塔与空间滤波和基于多尺度分割与空间-上下文生成的山谷线和山脊线提取结果。在这些图中,基础地图是由原始数字高程模型生成的平均曲率,线条表示提取的山脊线或山谷线。

空间金字塔的提取结果包括从原始数字高程模型(尺度=0)生成的结果、从 pad=2 下采样生成的数字高程模型生成的结果(尺度=1)以及从 pad=4 下采样生成的数字高程模型生成的结果(尺度=2)。从图 4-4 和图 4-6 可见,空间金字塔生成的多尺度结果变化显著。尺度 1 结果比从原始数字高程模型生成的结果包含更少的山脊线和山谷线。此外,大部分的山脊线和山谷线在图 4-4 和

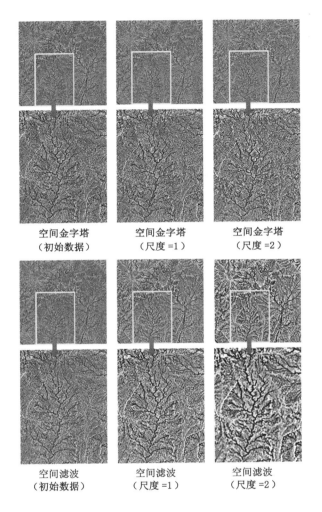

图 4-4 基于空间金字塔与空间滤波的山谷线提取结果

图 4-6 中没有被检测到。最后,线性山脊线或山谷线在图 4-4 和图 4-6 的检测结果中很少见,即基于空间金字塔生成的结果很难检测到山脊线和山谷线的主要结构。

数字高程模型滤波的结果包括从原始数字高程模型(尺度=0)生成的结果、从 sigma=1 高斯滤波处理的数字高程模型生成的结果(尺度=1)以及从 sigma=2 高斯滤波处理的数字高程模型生成的结果(尺度=2)。从图 4-4 和图 4-6 可见,空间滤波生成的多尺度结果比空间金字塔生成的结果更好。然而,在

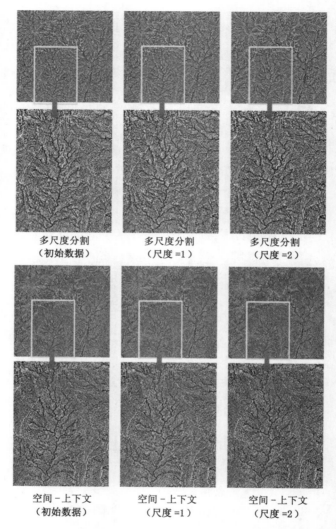

多尺度分割　　　　　多尺度分割　　　　　多尺度分割
（初始数据）　　　　（尺度 =1）　　　　　（尺度 =2）

空间 - 上下文　　　　空间 - 上下文　　　　空间 - 上下文
（初始数据）　　　　（尺度 =1）　　　　　（尺度 =2）

图 4-5　基于多尺度分割与空间-上下文的山谷线提取结果

图 4-4 和图 4-6 中仍有许多山脊线和山谷线未被检测到。此外，与空间金字塔检测结果类似，线性山脊线或山谷线在空间滤波的检测结果中也很少见。这意味着基于空间滤波生成的多尺度数字高程模型也很难检测到山脊线和山谷线的主要结构。

多尺度分割的结果包括包含大约 2 000 个超像元的分割结果、包含大约 1 500个超像元的分割结果以及包含大约 1 000个超像元的分割结果。由图 4-5

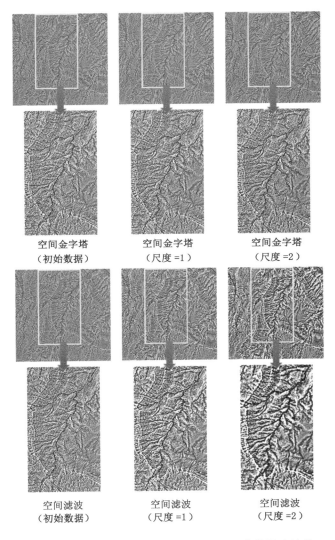

图 4-6　基于空间金字塔与空间滤波的山脊线提取结果

和图 4-7 可见,多尺度分割可以比空间金字塔和空间滤波更好地检测到山脊线和山谷线。此外,较大尺度的分割结果生成的山脊线或山谷线比较小尺度的分割结果更多。

空间-上下文方法的结果是通过使用距离相等于 1,相等于 1 和 2 以及相等于 1、2 和 3 的上下文信息生成的。由图 4-5 和图 4-7 可见,随着尺度的减小,空

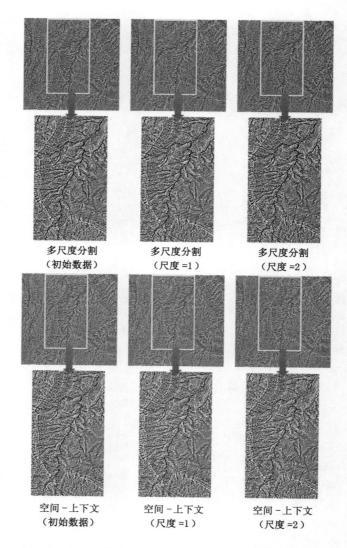

图 4-7 基于多尺度分割与空间-上下文的山脊线提取结果

间-上下文方法检测到的山脊线和山谷线较少。与上述 3 种方法生成的结果相比，较小尺度时生成了更多的真正阳性结果。

图 4-8～图 4-11 定量评估了空间金字塔、空间滤波、多尺度分割和空间-上下文方法生成的多尺度的差值结果。图中 A vs. B 表示仅从 A 尺度检测到而 B 尺度未能检测到的山脊线或山谷线像元。

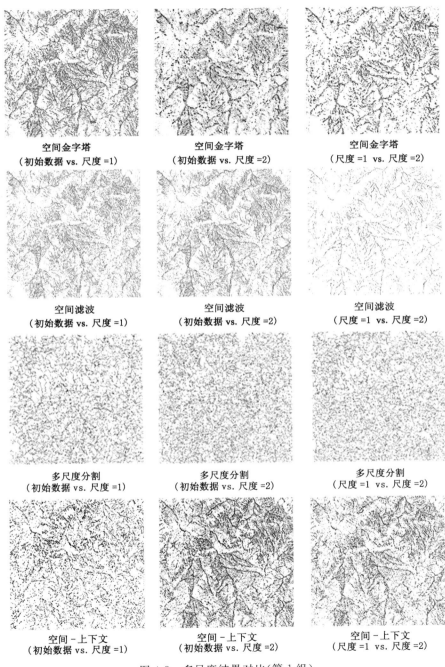

图 4-8 多尺度结果对比(第 1 组)

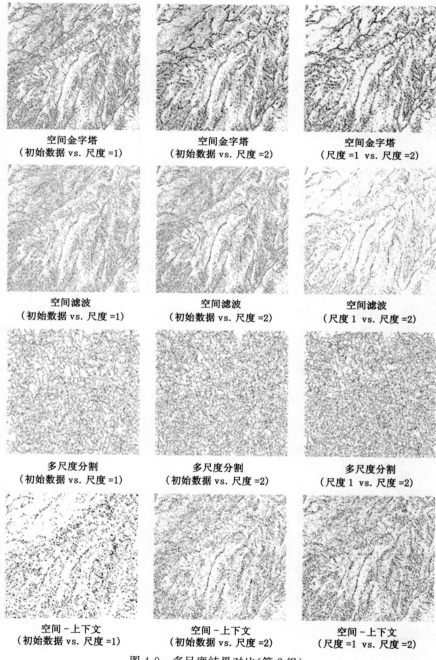

图 4-9　多尺度结果对比(第 2 组)

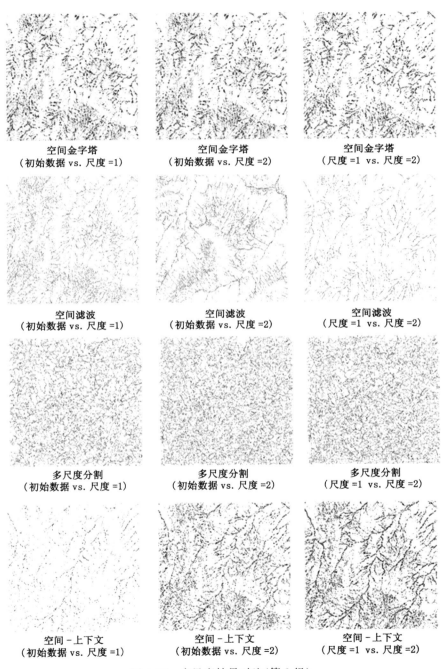

图 4-10　多尺度结果对比（第 3 组）

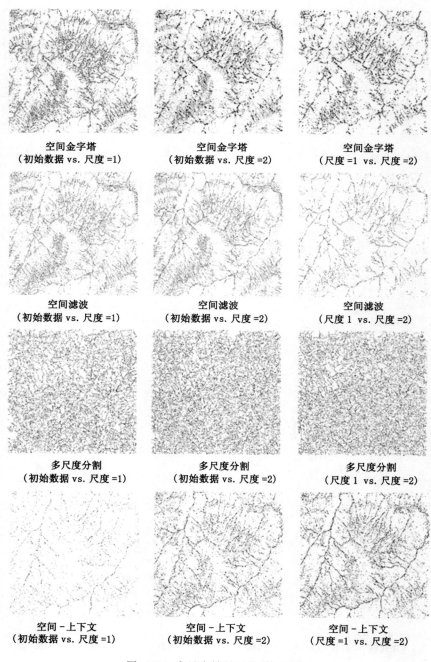

图 4-11　多尺度结果对比(第 4 组)

4.1.3.2　总结

总体来说,空间金字塔生成的所有结果都包含大量像元。此外,较大尺度的结果包含的像元比较小尺度的结果少得多。这意味着空间金字塔在进行尺度转换(从高分辨率数字高程模型到低分辨率数字高程模型)时可能会丢失很多空间细节,因为它使用下采样操作进行操作。

与空间金字塔生成的结果相比,空间滤波生成的结果的像元数量要少得多。这可能意味着在高分辨率数字高程模型上,空间滤波可以更有效地平滑地表。此外,在大尺度到小尺度和小尺度到大尺度中的像元数量明显减少,证明了滤波去除噪声的有效性会随着平滑程度(或尺度)的提高而显著降低。总之,对原始高分辨率数字高程模型进行滤波可能会降低地形要素检测的准确性。

多尺度分割生成的结果比空间金字塔和空间滤波更好。然而,在其所有结果中仍然可以看到一些像元。与空间金字塔或空间滤波利用像元之间的高程差异来生成多尺度结果不同,分割尺度的变化旨在发现像元之间的高程和空间距离的变化。因此,多尺度分割可以使用空间属性来去除空间金字塔和空间滤波无法识别的不相关像元。

空间-上下文方法生成的结果包含了很少的错误结果。原因在于其在定义像元的上下文(或邻域像元)过程中,能够过滤噪声(例如小石头)和与山脊和山谷类似结构的山肩和山脚坡。因此,空间-上下文方法可以使用空间维度上的地形信息来去除多尺度分割无法去除的山肩和山脚坡。

4.2　地形要素粒度(坡向)

4.2.1　坡向粒度的概念

除了空间分辨率和尺度,坡向粒度也会影响地形的表现。本节提出一个新的术语,称为坡向粒度,用来定义坡向的精细程度。

图 4-12(a)展示了坡向属性的离散化方案。当坡向粒度等于 90°时,它支持通过 4 个坡向表示地形。当坡向粒度为 45°或 22.5°时,它分别可以表示具有 8 个或 16 个坡向的地形。此外,如图 4-12(b)所示,不同的坡向粒度对地表特征的表征也不同,通过增加坡向粒度可以获得更多地形要素和地表细节。同数字高程模型的空间分辨率类似,坡向粒度也对地形要素的表示产生显著影响。

如图 4-12 所示,坡向差异对地形要素(如山脊和山谷点)下侧高程变化敏感。因此,更大的坡向粒度能够表示更细节的高程变化,这意味着更大的坡向粒

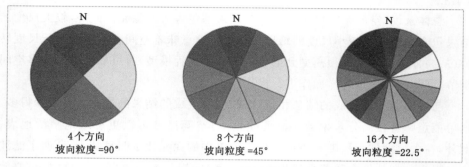

（a）理论坡向粒度

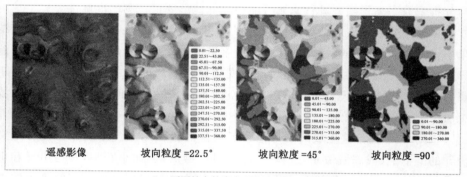

（b）不同坡向粒度表示的地表特征的特点

图 4-12　坡向粒度的说明[12]

度可以表示更多的地表细节。然而，更大的坡向粒度也可能增加噪声存在的可能性。因此，适当的坡向粒度对于良好的地形要素提取甚至地形表征也至关重要。根据前期研究成果，45°通常适用于基于 10 m 数字高程模型的地形要素提取，而 22.5°通常适用于基于 1 m 数字高程模型的地形要素提取。

4.2.2　坡向的意义

采用坡度可以显著改善结果的有效性。坡度是高程的重要导数，已广泛应用于地形特征提取[13]、地貌分割[14]和地貌描述[15]等方面。然而，如图 4-13 所示，高分辨率数字高程模型描述地表更为精细和复杂，导致由坡度数据生成的高分辨率曲率可能无法明显提取到地形特征。例如，图 4-13 显示了基于坡向与曲率的小尺度地图和大尺度地图。坡向图和曲率图的空间分辨率为 1 m。基于大尺度曲率图确定陨石坑的确切边界也非常困难。与此同时，在大尺度坡向图中，详细边界比大尺度坡度图和卫星影像更加清晰可辨。

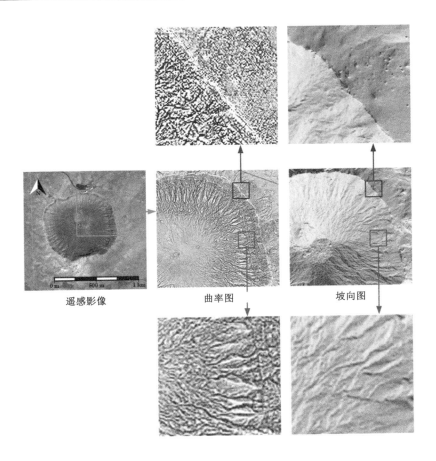

图 4-13　坡向与曲率比较

4.3　地形要素尺度、旋转与仿射不变性

图 4-14 展示了一个地形要素(山脊)在旋转、缩放和仿射变换后的横截面轮廓。假设点 O 和 O' 分别指原始数字高程模型中山脊线的点和经过旋转、缩放和仿射变换后生成的数字高程模型中的点。A 和 B、A' 和 B' 分别是 O 和 O' 的下坡侧相邻像元。

在图 4-14(a)中,A-O 和 B-O 的下坡侧的坡向差异等于 A'-O' 和 B'-O' 下坡侧的坡向差异。图 4-14(b)为通过高斯滤波的下采样操作生成的原始和缩放的数字高程模型。当同一地形对象用不同分辨率的数字高程模型表示时,就会发

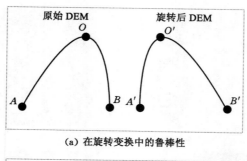

（a）在旋转变换中的鲁棒性

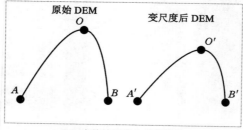

（b）在缩放变换中的鲁棒性

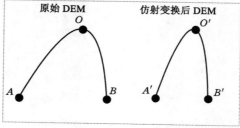

（c）在仿射变换中的鲁棒性

图 4-14　坡向在不同变换中的鲁棒性[12]

生尺度变换。点 O 的高程、坡度和曲率与点 O' 的不同,但点 O 的坡向与点 O' 的相同。这意味着随着数字高程模型的尺度变化,高程、坡度和曲率会发生变化,但坡向对尺度变化是鲁棒的。图 4-14(c)为通过二维几何变换进行仿射变换生成的原始和新数字高程模型。在图像或数字高程模型处理中,仿射变换用于通过线性方式保留点、直线、平面和一组平行线。原始的数字高程模型数据在没有几何校正的情况下可能会产生仿射失真。在图 4-14(c)中,点 O 的坡度和曲率与点 O' 的不同,但点 O 的高程和坡向与点 O' 的相同。因此,只有高程和坡向对仿射变换具有不变性。

　　综上所述,坡向不仅能够表示地形要素(如山脊、山谷等)的两个下坡侧之间的坡度坡向,而且对旋转、缩放和/或仿射变换的变化具有鲁棒性。此外,虽然仅凭坡向不能量化高程变化的程度,但它比高程差、坡度和曲率更适用于地形要素的映射。

参考文献

[1] MACMILLAN R A,SHARY P A.Chapter 9 landforms and landform elements in geomorphometry[M]//BOLT G H. Developments in Soil Science.Amsterdam:Elsevier,2009:227-254.

[2] DRĂGUT L,EISANK C.Object representations at multiple scales from digital elevation models[J].Geomorphology,2011,129(3/4):183-189.

[3] CHEN Y M,ZHOU Q M. A scale-adaptive DEM for multi-scale terrain analysis[J]. International journal of geographical information science, 2013,27(7):1329-1348.

[4] EVANS I S.Geomorphometry and landform mapping:what is a landform? [J].Geomorphology,2012,137(1):94-106.

[5] BEHRENS T,SCHMIDT K,MACMILLAN R A,et al.Multi-scale digital soil mapping with deep learning[J].Scientific reports,2018,8:15244.

[6] ZHOU X R,XUE B,XUE Y,et al.An exploratory evaluation of multiscale data analysis for landform element detection on high-resolution DEM[J]. IEEE geoscience and remote sensing letters,2022,19:1-5.

[7] JASIEWICZ J,STEPINSKI T F.Geomorphons:a pattern recognition approach to classification and mapping of landforms[J].Geomorphology, 2013,182:147-156.

[8] CHENG H Y,SHUKU T,THOENI K,et al. An iterative Bayesian filtering framework for fast and automated calibration of DEM models[J]. Computer methods in applied mechanics and engineering, 2019, 350: 268-294.

[9] MILAN D J,HERITAGE G L,LARGE A R,et al.Filtering spatial error from DEMs:implications for morphological change estimation[J]. Geomorphology,2011,125(1):160-171.

[10] ACHANTA R,SHAJI A,SMITH K,et al.SLIC superpixels compared to state-of-the-art superpixel methods[J]. IEEE transactions on pattern analysis and machine intelligence,2012,34(11):2274-2282.

[11] ZHOU X R, LI W W, ARUNDEL S T. A spatio-contextual probabilistic model for extracting linear features in hilly terrains from high-resolution DEM data[J]. International journal of geographical information science, 2019,33(4):666-686.

[12] XIE X, ZHOU X R, XUE B, et al. Aspect in topography to enhance fine-detailed landform element extraction on high-resolution DEM[J]. Chinese geographical science,2021,31(5):915-930.

[13] PIROTTI F, TAROLLI P. Suitability of LiDAR point density and derived landform curvature maps for channel network extraction[J]. Hydrological processes,2010,24(9):1187-1197.

[14] ROMSTAD B, ETZELMÜLLER B. Mean-curvature watersheds: a simple method for segmentation of a digital elevation model into terrain units[J]. Geomorphology,2012,139/140:293-302.

[15] SCHMIDT J, ANDREW R. Multi-scale landform characterization [J]. Area,2005,37(3):341-350.

第5章　地形要素分类

5.1　地形要素分类概述

总的来说,由于地形边界不可能被准确确定,因此学者们提出许多关于地形要素的标准和分类系统。许多地形要素分类体系利用表面曲率与侵蚀或沉积过程之间的推断关系,也有分类基于上下文表征包括到山脊线或河道的绝对和相对水平和垂直距离。这些研究证实了地形要素主要由波形特征组成,即某一种地形要素具有特定的重复周期,例如坡度、梯度、坡长、起伏、曲率等[1-2]。同时,这些循环模式往往只能在适当尺度的窗口内才有效。

因此,地形要素分类体系具有几个特点[2-3]:

(1) 地形要素分类中的每一种地形要素类型的定义,主要基于一定尺度内区域的纹理和上下文关系。纹理和上下文关系主要包括局部地形表面的形状和坡度梯度的组合。

(2) 地形要素的分类主要依赖于计算单个单元格的局部和区域地表参数的值。

(3) 地形要素的类型基本是将山脉概念化细分为相对均匀的形状、坡向、坡度和地貌位置的段或面。

(4) 地形要素分类体系的核心在于识别山坡剖面上拐点处的主要坡度变化位置。

(5) 地形要素分类体系中的各种类型需要能够适用于不同的分类方法,包括基于专家知识的方法、监督分类方法和无监督分类方法。

地形要素分类体系中每一个地形要素类型的概念主要基于主观的解释和解译,因此不同的分类体系可能具有相当复杂的区别。不过,目前主要的地形要素分类体系都建立在广泛认可的概念上,形成了系统性的分类体系。基于此,地形要素分类体系所定义的地形要素及解译结果具有相当大的用途,其结果已经可以用于研究与任何给定地貌环境相关联的土壤、生态系统、植被群落或环境危害类型和数量[4-5]。

5.2 地形要素分类体系

5.2.1 Gauss 和 Troeh 分类体系

Gauss 在 1828 年提出了一种识别地形的方法,其系统识别了 4 种由全局高斯曲率和平均曲率符号定义的场不变几何形式。而 Troeh 在 1964 年和 1965 年提出的系统将陆地表面划分为 4 种重力特定类别,目的是识别两种相对的积累机制,并基于对切面曲率和剖面曲率符号的考虑进行分类。该系统可以应用于任何尺度的任何表面。Gauss 分类体系如图 5-1 所示。

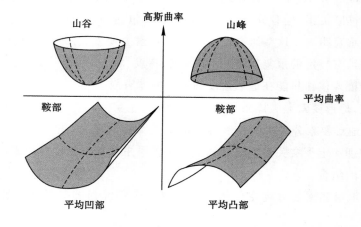

图 5-1　Gauss 分类体系[1]

图 5-1 中,高斯曲率可通过下式计算:

$$GC = k_1 k_2 \tag{5-1}$$

式中:k_1 和 k_2 为一组相互垂直的正交曲率。

平均曲率通过下式计算:

$$MC = \frac{1}{2}(k_1 + k_2) \tag{5-2}$$

在图 5-1 的基础上,Troeh 分类体系对剖面的变化进行了扩展,如图 5-2 所示。

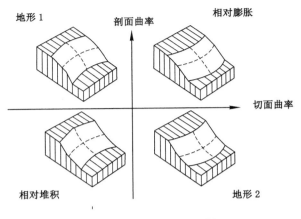

图 5-2　Troeh 分类体系[1]

5.2.2　九单元/十类型分类法

20 世纪 60 年代和 70 年代,Conacher 和 Dalrymple 提出了九个单元的分类方法(表 5-1),成为基于曲率的地形要素分类基础。该分类方法在定性剖面描述中,除了考虑曲率外,还隐含或明确地参考坡度和相对坡位,沿着从分水岭到河道的概念化拓扑序列进行描述。因此,该分类体系除了曲率之外,还引入了坡度和相对地貌位置的度量因素。在此基础上,Speight 于 1990 年提出了十种地形地貌位置类型(表 5-2)。

表 5-1　九单元分类体系[1,6]

序号	地表单元	特征
1	山间高地	由垂直(上下)土壤水运动引起的主导土壤形态过程的山间高地;0°~1°的坡度
2	渗漏坡	高地区域,侧向地下土壤水运动对机械和化学淋滤的响应占主导地位
3	凸形蠕滑坡	凸形坡元素,土壤蠕滑是主导过程,产生土壤材料的侧向运动
4	坠积面	梯度大于 45°的区域,以坠落和岩屑滑动的过程为特征
5	运输中斜坡	倾斜面,具有 1°~45°的坡度,对大量物质的输送具有应对流动、下滑、滑坡、侵蚀和耕作的响应
6	堆积足坡	凹形区域,对来自上游的堆积再沉积具有响应
7	冲积脚坡	对来自上游冲积物质的再沉积具有响应的区域;0°~4°的坡度
8	河道壁	河道壁通过河流作用的侧向腐蚀而区分
9	河道床	流域中以河流作用下物质向下河谷输送为主导过程的河道床

表 5-2　十类型分类体系[1,6]

序号	名称	定义
1	山脊	地景高处,具有正的平面和/或剖面曲率
2	凹槽	地景低处,具有负的平面和/或剖面(封闭式、开放式)曲率;封闭式:局部高程最小值,开放式:范围与同一或更低水平相同
3	平地	坡度<3%的区域
4	坡面	平面元素,平均坡度>1%,按相对位置进行子分类
5	单一坡面	在山脊或平地下方相邻,在平地或凹槽上方相邻
6	上坡面	在山脊或平地下方相邻,但在平地或凹槽上方不相邻
7	中坡面	在山脊或平地下方不相邻,在平地或凹槽上方也不相邻
8	下坡面	在山脊或平地下方不相邻,在平地或凹槽上方相邻
9	小丘	短坡元素在窄的山脊<40 m处相遇的复合元素
10	屋脊	短坡元素在窄的山脊>40 m处相遇的复合元素

5.2.3　Pennock 分类体系

开放性和封闭性洼地对于地形土壤研究具有重要意义,因此 Pennock 分类体系主要围绕区分开放性和封闭性洼地的定量定义而提出。Martz 等[7]描述了一种识别和描述封闭性洼地的算法,但未可以明确地识别开放性洼地。Pennock 等人[8]在最初的地形要素分类中,假定曲率描述结果与地表过程和相对地貌位置相关联,上部坡面具有明显的局部剖面凸度和下部坡面具有明显的局部剖面凹度,即剖面凸度是与上部、排水的地形位置相关联,而剖面凹度与下部、接收水的地形位置相关联,平面表面则与背坡或平坦区域相关联。

图 5-3 展示了基于剖面和平面曲率以及坡度考虑的 Pennock 分类体系的原始分类[8]。图中包括发散式山肩(divergent shoulder)和汇聚式山肩(convergent shoulder)、发散式背坡(divergent backslope)和汇聚式背坡(convergent backslope)、发散式足坡(divergent footslope)和汇聚式足坡(convergent footslope)、斜坡平面。

然而,这种模式并不通用于大多的地形要素,在大尺度的微地形下,凸凹形状有可能在较长的山坡上沿着短距离重复出现,仅考虑曲率(即可预测的地貌分类)是不足以识别概念地形要素的[10]。由于仅使用曲率作为相对地貌位置的唯一预测因子存在限制,故采用特定扩散面积的区域变量来区分上层和洼地地形要素[11],相关细节如表 5-3 所示。这些要素的定义通过使用如山脊或山谷等术语引用它们在地形中的垂直位置。

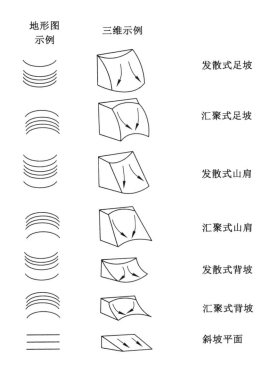

图 5-3　Pennock 分类体系示例[9]

表 5-3　Pennock 分类体系中地形要素的原始分类准则

地形要素	剖面曲率/(rad/100 m)	平面曲率/(rad/100 m)	坡度梯度/(°)
汇聚式足坡	<-0.10	<0.00	>3.0
发散式足坡	<-0.10	>0.00	>3.0
汇聚式山肩	>0.10	<0.00	>3.0
发散式山肩	>0.10	>0.00	>3.0
汇聚式背坡	>-0.10，<0.10	<0.00	>3.0
发散式背坡	>-0.10，<0.10	>0.00	>3.0
水平面	任何	任何	<3.0

5.2.4　Hammond 分类体系及其衍生体系

　　现介绍一个经典的地形要素分类体系——Hammond 分类体系,它是包括 4 个比例的缓坡、6 个相对起伏和 4 个剖面的地貌类型[1]。基于 Hammond 所提出的地貌类型自动分类标准,Dikau 等人通过建立 3 像元×3 像元窗口内的坡度、梯度、相对起伏以及剖面类型,定义了新的分类体系——Dikau 分类体系[12]。该体系将这些类型组合,重新分组为 24 种地貌类别和 5 种主要地貌类型,即平原、高原、带有丘陵或山地的平原、开阔的山丘和山地、丘陵和山地,具体如表 5-4 所示。

表 5-4　Dikau 分类体系中使用的地貌类型、地貌类别和地貌亚类编码

地貌类型	地貌类别	地貌亚类编码
平原	平地或几乎平坦的平原	A1a,A1b,A1c,A1d
	有些局部起伏的平原	A2a,A2b,A2c,A2d
	低起伏的不规则平原	B1a,B1b,B1c,B1d
	中度起伏的不规则平原	B2a,B2b,B2c,B2d
高原	中等起伏的高原	A3c,A3d,B3c,B3d
	相当起伏的高原	A4c,A4d,B4c,B4d
	高起伏的高原	A5c,A5d,B5c,B5d
	非常高起伏的高原	A6c,A6d,B6c,B6d
丘陵或山地的平原	有山地的平原	A3a,A3b,B3a,B3b
	有高山的平原	A4a,A4b,B4a,B4b
	低山的平原	A5a,A5b,B5a,B5b
	高山的平原	A6a,A6b,B6a,B6b
开阔的丘陵和山地	非常低的开阔丘陵	C1a,C1b,C1c,C1d
	低开阔丘陵	C2a,C2b,C2c,C2d
	中等开阔丘陵	C3a,C3b,C3c,C3d
	高开阔丘陵	C4a,C4b,C4c,C4d
	低山开阔地	C5a,C5b,C5c,C5d
	高山开阔地	C6a,C6b,C6c,C6d
丘陵和山地	非常低的丘陵	D1a,D1b,D1c,D1d
	低丘陵	D2a,D2b,D2c,D2d
	中等丘陵	D3a,D3b,D3c,D3d
	高丘陵	D4a,D4b,D4c,D4d
	低山	D5a,D5b,D5c,D5d
	高山	D6a,D6b,D6c,D6d

5.2.5　改进的 Dikau 分类体系

最早将地貌从数字高程模型中划分为地形要素的许多努力都仅基于对局部

地表形状的分析,用于区分网格单元为山底、山谷、水渠、山脊、山顶和平原。但该分类体系存在两个问题:第一个是无法表征在高和低起伏区域之间的过渡区域中出现的逐渐分带的地貌模式,导致该方法往往将具有非常不同的宏观地貌的区域归为同一类;第二个是该分类体系无法精确描述不同地形要素的界限位置[13]。

　　针对以上挑战,Dikau 分类体系使用法线截面的曲率来描述具有直坡形状的地表形状,并使用切面曲率替换平面曲率,能够支持清晰明确的地貌界限,如图 5-4 所示。因为切面曲率和剖面曲率都是法线截面的曲率,能够表现出类似的分布统计数据,而平面曲率则表现出明显不同的分布统计数据,不太适合描述横向曲率。

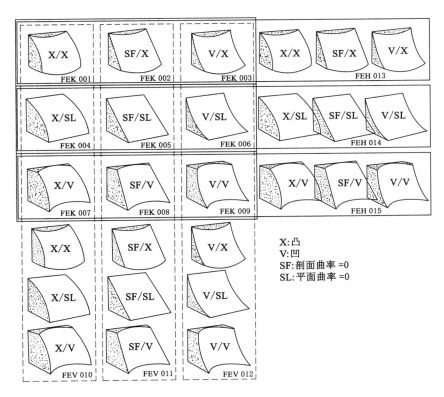

图 5-4　修改后的基于剖面曲率和切向(横向)曲率地形要素分类

　　图 5-4 展示了修改后的基于剖面曲率和切向(横向)曲率地形要素分类[10]。不同的地形要素根据曲率半径(>600 m 或<600 m)进一步分类为正或负。

5.2.6 Shary 分类体系

基于改进的 Dikau 分类体系,Shary 等人[14]进一步提出了一个用于定义一个完整的曲率分类扩展系统的体系,该系统中的地形要素类别包括 Gauss 和 Troeh 分类体系的类别、Conacher 和 Dalrymple 提出的九个单元的分类体系的类别,以及 Speight 描述的十种地形地貌类别。图 5-5 展示了 Shary 等人提出的完整地形要素分类系统,该系统根据切向曲率、剖面曲率、平均曲率、差异曲率和总高斯曲率的符号进行分类。

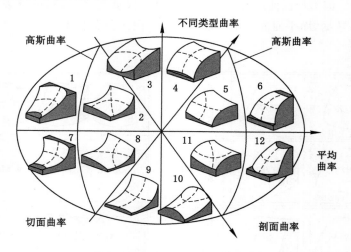

图 5-5　Shary 地形要素分类体系

该分类体系的核心在于识别和定义由坑、峰、山口、界线、山脊线和鞍线定义的特定地表点和线,然后由这些关键点确定单个地貌和地形要素的大小、比例和上下文位置。

5.2.7 基于 15 个单元地形分类规则的类别

基于 Pennock 等人所提出的分类体系,MacMillan 等将 6 个地形要素替换为 6 个单独的单元[1],以区分上坡、中坡和下坡地貌位置中的平坦区域和坑洼区域,并对中斜坡和下斜坡各增加一个平面单元,以及增加一个下斜坡单元,提出15 个地貌类别列表。

类别表格如表 5-5 所示。表中,上坡、中坡和下坡 3 个分组中的类别主要基于坡度梯度(水平与倾斜)和平面曲率(凸形=排水,凹形=积水,平面=中性水)进行区分,主要用于表达地貌在地形要素形状和相对与绝对地貌位置的语义定义和变化特性。

表 5-5 基于 15 个单元地形分类规则的类别

地貌类别	地形要素			坡度 /%	斜坡曲率/[(°)/100 m]	
	编号	名称	注释		剖面	平面
上坡	1	平顶	上坡平坦区	0~2	+10~−10	—
	2	分叉肩	凸起，排水	>2	> +10	—
	3	上部洼地	上坡洼地	0~2	<−10	<−10
中坡	4	背坡	中坡段直线过渡	>2	+10~−10	+10~−10
	5	分叉背坡	倾斜的山脊	>2	+10~−10	>+10
	6	汇合背坡	倾斜的凹槽	>2	+10~−10	<−10
	7	梯田	中坡水平段>2 m 高于基准水平面	0~2	+10~−10	na
	8	鞍部	分叉前坡的特殊情况	na	<−10	>10
	9	中部洼地	中坡位置的洼地	0~2	<−10	<−10
下坡	10	前坡	凹陷，聚水	>2	<−10	na
	11	坡脚带	下坡直线段>低坡的 20%	>2	+10~−10	+10~−10
	12	下部丘陵	分叉坡脚	>2	+10~−10	>+10
	13	平缓下坡	下坡顶部<2 m 高于基准水平面	>2	> +10	>+10?
	14	洼地	下坡水平区>低坡的 20%	0~2	+10~−10	+10~−10

注：第 15 个单元为平地。

5.2.8 基于坡度类别的形态特征分类

Wood 等[15]在 DEM 上移动一个窗口，并通过二次多项式函数推导出梯度变化和中心点与其邻域之间的关系，二次多项式为：

$$z = ax^2 + by^2 + cxy + dx + ey + f \tag{5-3}$$

式中：x, y, z 为 DEM 的 3 个维度；$a \sim f$ 为系数。

然后，基于二次多项式计算以下 4 个参数：

$$\text{Slope} = \arctan(\sqrt{d^2 + e^2}) \tag{5-4}$$

$$\text{Cross-sectional curvature} = n \times g \frac{b \times d^2 + a \times e^2 - c \times d \times e}{d^2 + e^2} \tag{5-5}$$

$$\text{Maximum curvature} = n \times g(-a - b + \sqrt{(a-b)^2 + c^2}) \tag{5-6}$$

$$\text{Minimum curvature} = n \times g(-a - b - \sqrt{(a-b)^2 + c^2}) \tag{5-7}$$

式中：g 是 DEM 的网格分辨率；n 是移动窗口的大小。

基于上述 4 个参数，定义了一组地形要素类别，如图 5-6 所示。

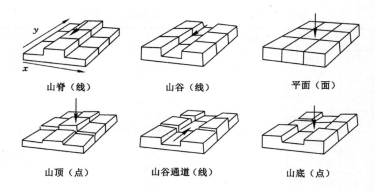

图 5-6　改进的地形要素分类图示[16]

具体的分类标准如表 5-6 所示。

表 5-6　Wood 等的地形要素分类标准[15]

形态	计量特征			
	坡度	横截面曲率	最大曲率	最小曲率
峰顶	0	#	+	+
山脊	0	#	+	0
	+	+	*	*
山谷通道	0	#	+	—
平面	0	#	0	0
	+	0	*	*
河道	0	#	0	—
	+	—	*	*
坑穴	0	#	—	—

注:#表示未定义的值;*表示不属于选择标准。

表 5-6 中,对于具有正(＋)坡度值的特征,应考虑横截面曲率。对于坡度为零(0)的特征,横截面曲率未定义(#),因此最大曲率和最小曲率是主要的判断标准。其中星号(＊)表示不是选择标准的一部分。

根据表 5-6 的分类体系,基于坡度进一步扩展,如表 5-7 所示。峰顶具有零局部坡度且最大曲率和最小曲率均为正值。坑也具有零坡度,但最大曲率和最小曲率为负值。山脊坡度为零时,最大曲率为正值,最小曲率为 0。在具有正坡度值的位置,沟渠具有负横截面曲率,山脊具有正横截面曲率,而倾斜面具有零横截面曲率。

表 5-7　Wood 等的分类形态计量特征的标准

坡度大于阈值（地表倾斜）	山脊	Cros C＞CT	—
	水道	Cros C＜－CT	—
	平面	CT＞Cros C＞－CT	—
坡度大于阈值（地表水平）	山峰	Max C＞CT	Min C＞CT
	山口	Max C＞CT	Min C＜－CT
	坑	Max C＜－CT	Min C＜－CT
	水道	Max C＞－CT	Min C＜－CT
	平面	Max C＜CT	Min C＞－CT
	山脊	Max C＞CT	CT＞Min C＞－CT

注：Cros C 为横截面曲率；Max C 为最大曲率；Min C 为最小曲率；CT 为曲率阈值。

5.2.9　基于局部坡度和曲率的 15 个地形要素分类

曲率和坡度的分类常常被应用于地形要素建模，因此 Schmidt 等[6] 融合 Dikau 和 Wood 的分类系统，优先选择切面曲率，用曲率分别描述低坡度（平坦）和坡度地区的局部地形特征。同时，曲率按 3 个类别分类：凹面、平面、凸面。同时，考虑到平坦区域与梯度相关的曲率定义没有意义，因此只用最大曲率和最小曲率建立 6 个基本形态；对于坡度地区，则通过剖面曲率和切面曲率建立 9 种基本形态。如图 5-7 所示。

然而，定义"平坦"或"坡度"的阈值存在相当大的不确定性，取决于具体的地形特征。同样，平面、凸曲和凹曲区域的勾画也具有模糊性。这都导致针对同一个地形要素，不同的制图者往往绘出不同的边界。因此，可使用一组辅助规则，如表 5-8 所示，将更高尺度的地貌位置与地形要素相结合，以解决上述所提到的挑战。例如，平面、平坦的地形要素可能存在于山脊和山谷底部，出现山顶上的平坦区域是一个山脊这样的现象，规则集合能够部分消除这些混淆现象。

表 5-8　使用拓扑规则对地形元素进行建模

地形	形态	元素
山丘	峰顶、平原、山脊、支脉、山鞍	山脊
山丘	山肩或凹肩或支脉肩	山肩
山坡	背坡	背坡
山坡	空洞或沟谷或凹肩、空洞或山脚	空洞
山坡	支脉或山脊或支脉肩	支脉
山坡	平原或山下坡或山肩	台地
山谷	山下坡或山脚空洞或支脉脚	山脚坡
山谷	坑穴或平原或沟谷或空洞或山鞍	河谷底部

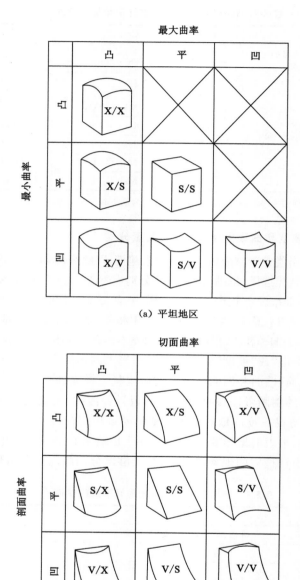

（a）平坦地区

（b）坡度地区

图 5-7　基于局部坡度和曲率的 15 个地形要素分类体系[6]

5.2.10　常见的地形要素分类体系

Jasiewicz 等[17]围绕地形要素的空间分布模式,基于特征算法思想,提出最常见地形要素,定义为 geomorphons,包括平地、直背坡(斜坡)、山峰(山顶)、洼地、山脊、沟谷(山谷)、山肩(肩部)、山脚(足坡)、凸背坡(凸地)和凹背坡(凹槽),它们的符号化 3D 形态如图 5-8 所示。该地形要素体系的优势在于,通过三元元素(1、0、−1)之间的转换可以构成复杂的模式,在局部尺度上,地形自相关性也相对较高[19]。平地、山顶和坑没有转换,因为它们模式中的所有三元元素都相同。

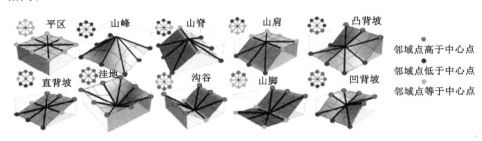

图 5-8　常见的地形要素分类体系图示[18]

参考文献

[1] MACMILLAN R A, SHARY P A. Chapter 9 landforms and landform elements in geomorphometry[M]//BOLT G H. Developments in Soil Science. Amsterdam:Elsevier,2009:227-254.

[2] XIONG L Y, LI S J, TANG G A, et al. Geomorphometry and terrain analysis:data, methods, platforms and applications[J]. Earth-science reviews,2022,233:104191.

[3] EVANS I S. Geomorphometry and landform mapping:what is a landform? [J].Geomorphology,2012,137(1):94-106.

[4] HENGL T, MACMILLAN R A. Chapter 19 geomorphometry:a key to landscape mapping and modelling[M]//BOLT G H. Developments in Soil Science. Amsterdam:Elsevier,2009:433-460.

[5] FLORINSKY I V. An illustrated introduction to general geomorphometry [J].Progress in physical geography:earth and environment,2017,41(6):723-752.

[6] SCHMIDT J, HEWITT A. Fuzzy land element classification from DTMs based on geometry and terrain position[J]. Geoderma, 2004, 121(3/4): 243-256.

[7] MARTZ L W, DE JONG E. CATCH: a Fortran program for measuring catchment area from digital elevation models [J]. Computers & geosciences, 1988, 14 (5):627-640.

[8] PENNOCK D J, ZEBARTH B J, DE JONG E. Landform classification and soil distribution in hummocky terrain, Saskatchewan, Canada [J]. Geoderma, 1987, 40(3/4):297-315.

[9] VENTURA S J, IRVIN B J. Automated landform classification methods for soil-landscape studies[J]. Terrain analysis: principles and applications, 2000:267-294.

[10] DIKAU R. The application of a digital relief model to landform analysis in geomorphology[M]//RAPER J. Three dimensional applications in GIS. London:CRC Press, 1989:51-77.

[11] PENNOCK D J. Terrain attributes, landform segmentation, and soil redistribution[J]. Soil and tillage research, 2003, 69(1/2):15-26.

[12] DIKAU R, BRABB E E, MARK R K, et al. Morphometric landform analysis of New Mexico [J]. Zeitschrift für geomorphologie, supplementband, 1995, 101:109-126.

[13] GUZZETTI F, REICHENBACH P. Towards a definition of topographic divisions for Italy[J]. Geomorphology, 1994, 11(1):57-74.

[14] SHARY P A, SHARAYA L S, MITUSOV A V. The problem of scale-specific and scale-free approaches in geomorphometry[J]. Geografia fisica e dinamica quaternaria, 2005, 28(1):81-101.

[15] WOOD-SMITH R D, BUFFINGTON J M. Multivariate geomorphic analysis of forest streams:implications for assessment of land use impacts on channel condition[J]. Earth surface processes and landforms, 1996, 21 (4):377-393.

[16] EHSANI A H, QUIEL F. Geomorphometric feature analysis using morphometric parameterization and artificial neural networks [J]. Geomorphology, 2008, 99(1/2/3/4):1-12.

[17] JASIEWICZ J, STEPINSKI T F. Geomorphons: a pattern recognition approach to classification and mapping of landforms[J]. Geomorphology,

2013,182:147-156.

[18] 康鑫,王彦文,秦承志,等.多分析尺度下综合判别的地形元素分类方法[J].
地理研究,2016,35(9):1637-1646.

[19] FISHER P,WOOD J.What is a mountain? Or the Englishman who went
up a Boolean geographical concept but realised it was fuzzy [J].
Geography,1998,83(360):247-256.

第6章 地形要素提取与识别经典方法

6.1 地形要素的识别与提取

目前,高分辨率数字高程模型,特别是超高分辨率数字高程模型,为细节化地形要素提取提供了显著支撑。为了自动快速地提取地形要素,高程及其导数,包括曲率、坡度、山体阴影、坡向等,已被用作参数。提取方法包括边缘检测、模糊分类、面向对象的分割、水文分析、特征描述符以及高程、曲率和/或坡度的应用数据。

然而,中等或低分辨率数字高程模型往往包括"更少的噪声"和地表更为光滑的数据,和高分辨率数字高程模型相比在复杂和细节化的地表呈现显著不同,导致现有的关于地形要素提取的方法,例如模糊分类、特征描述符和面向对象的分割,往往只适用于中等或低分辨率数字高程模型。面对高分辨率数字高程模型获取地表细节时,这些方法往往在噪声背景下表现较差。例如,当从高分辨率数字高程模型获取地表细节(如岩石、树木、小规模山坡和小溪)时,在山脊或山谷两侧可能会看到人造物质和其他不相关的地形对象,导致山脊线/沟谷线以及所有这些不相关的特征都被提取出来。

因此,需要提高在不同尺度、不同分辨率数字高程模型中进行地形要素提取的适用性和鲁棒性。

6.1.1 地形要素识别与提取的原则

数字地形分析作为一个研究地形和地表覆盖的学术学科,在理解地表、其组成和地貌过程以及随时间变化等方面发挥着关键作用[1-2]。许多地理空间应用,例如土地管理、环境建模、水文分析和土地利用变化研究都受益于数字地形分析技术。作为数字地形分析的重要分支,地形要素识别与提取能够自动、数字化地划分地貌的边界,并支持地形要素的分析与潜在信息挖掘。地形要素识别与提取需要遵循 3 个原则[3-5]。

原则一:保证地貌表面形状作为一个连续的具有高程信息的几何场域,这是现代地貌学分析的基础。在 GIS 中这一原则表现为数字高程模型。

原则二:不同尺度下的地貌表面可以表现为不连续的形态,不连续的形态即为地貌的边界,但这些不连续的形态划分必须是基于地形的形成过程。

原则三:地貌表面的不连续性和可定义的基本形态是地貌过程在空间分布的异构结果,对地形要素的分析和提取需顾及空间连续与空间异构的影响。

局部几何的计算(如坡度)只考虑局部窗口中地形的有限部分。相对位置的计算需要在不同程度的搜索窗口内考虑陆地表面的延伸部分(例如洼地和丘陵)。Shary 等[3]将这些参数分别区分为局部和区域地表参数。

6.1.2　地形要素识别与提取方法简述

目前,基于数字高程模型的地形要素的提取方法可以分为基于阈值的方法、水文分析方法、基于视觉描述算子的方法、面向对象分析方法、空间-上下文背景方法、基于经典机器学习的方法以及基于深度学习的方法[6]。

阈值法在地貌研究中最常用。该方法可视为一个二值分类过程,在这个过程中,高于某些阈值的数据值可以被识别为有趣的特征,例如山脊。条件可以被反转以检测其他特征,例如谷地。阈值分析的输入通常是一组地形参数,例如高程、坡度(高程变化)、曲率(坡度变化)和/或这些参数之间的数值差异[7]。虽然易于实现,但这种方法是基于像元的分析,不能有效地识别区域的空间排列和结构。因此,它在实现精确提取地形要素方面受到限制[8]。

另一个流行的方法,流/排水网络分析,也被用来提取地形要素[9-11]。基于高程剖面,流网络分析计算流向并模拟水累积过程以识别和提取流域。这种技术广泛用于山脊线和山谷线的提取,因为它们在一个流域中具有类似的特征,即流域涵盖了水流到达的区域,从高处向低处流动。提取山脊线也使用类似流域提取的过程,唯一的区别是山脊线是水从中流出的区域,而不是水流入的区域。

表面的局部几何和相对位置是不同的事物。局部几何的计算(例如坡度陡峭度)仅考虑局部窗口中的一小部分地形。相对位置的计算需要考虑不同程度的搜索窗口内地表的扩展部分(例如凹陷和山丘)。以上两种方法都属于基于像元的地形分析范畴,可能无法捕捉到地形模式和变化的整体图像,导致结果不尽如人意。

为了解决这些限制,研究人员转向了基于对象的图像分析,并已证明该方法在地形要素的分割和分类方面非常有效[12]。现有基于对象的特征提取方法的性能主要依赖于分割[13-14]。与区域生长算法等形态学方法相比[15-16],基于对象的分割可以通过将具有相似特征(例如颜色)的像元组合在一起有效地将栅格数据划分为图像区域。这种方法主要应用于分析遥感图像,并被应用于在数字高程模型数据中勾勒地形要素[17]。

根据地理学第一定律,任何单个像元的值都与它的相邻像元的值有关,可以推论空间相邻的像元在描述地形变化时具有相似的空间模式和背景,鉴于此,分析空间-背景知识的方法已经成为支持精细地形要素提取的一种新方式。视觉描述符,如尺度不变特征变换描述符和局部三值模式描述符[18]是通过研究特定地形特征的空间关系和背景,并用于从数字高程模型中提取地形要素点的技术。例如,局部三值模式描述符将中心像元与相邻的像元进行比较,并产生"高"、"低"和"相等"的分类值,以代表不同的模式。如果中心像元的值高于所有邻近像元的值,这就产生了一个"高"值,即为山脊或顶点;反之,则为山谷或底点。

在此基础上,空间-上下文概率模型基于地形表面的物理特征,通过将空间-上下文信息融入地形表面建模,克服了基于像元的分析(例如局部三值模式、流网络分析等)的一些限制。该方法能够有效支持高分辨率数字高程模型下提取线性地形特征。

此外,前期研究也表明,文献中许多流行的地形分析和特征提取技术在对高分辨率数字高程模型数据建模方面存在困难,因为这些数据所代表的复杂性和不确定性很高[19]。因此,机器学习与深度学习开始应用于地形要素的提取[20-21]。然而,现有前沿的深度学习还无法解决地形的不确定性,以支持高度准确和接近自动化的特征识别和提取。同时,深度学习高度依赖于标注数据的质量和数量,但目前还没有规模化的地形要素基准数据集。

6.2 基于局部模式(Geomorphons)的地形要素提取与识别

6.2.1 背景

在使用微分几何进行自动提取地形要素时遇到的一个重要问题是长度尺度的问题[4,22]。地表形态往往嵌套出现在不同的尺度上,而计算地形要素需要使用围绕中心单元格的邻域。由于邻域的大小在整个数字高程模型上是均匀的,因此所有地形要素都在一个预定义的尺度上进行识别。一旦调整邻域的大小,往往会导致完全不同的结果。而计算不同的邻域大小以确定最优尺度,计算量大、效率低。

在计算机视觉与模式识别领域,基于纹理相似性将图像分割成其组成结构是最佳的方法,而最有效的纹理描述符都是基于灰度级别对比的局部模式。Ojala 等人[23]将局部二元模式(local binary pattern,LBP)引入为纹理描述符,从中心单元格的 3×3 局部邻域构建模式:8 个相邻单元格被标记为 0,如果相邻单元格的灰度级别小于中心单元格的灰度级别,将其标记为 1。局部三值模式(local ternary pattern,LTP)[24]将 LBP 扩展到 3 个值的模式:如果相邻单元格的值超过中心单元格的值,则将其标记为 1;如果相邻单元格的值小于中心单元格的值,则将其标记为－1;否则,相邻单元格的值标记为 0。

灰度图像和数字高程模型相似,都是单值栅格。此外,灰度图像由灰度级别的复杂模式组成,就像数字高程模型由高程值的复杂模式组成。因此,局部三值模式与数字高程模型中高、低和平坦的概念十分吻合。

6.2.2　地形要素的局部三值模式

6.2.2.1　局部三值模式

图 6-1 说明了如何将局部三值模式应用于地形要素分类。图 6-1(a)展示了中心单元格周围的数字高程模型局部区域。通过视觉检查,可以清楚地看出中心单元格属于山谷地形要素。图 6-1(b)显示了中心单元格的 8 个邻域单元格,并标记各个单元格的高程值是高于、低于还是等于中心单元格的高程值。图 6-1(c)显示了从邻域单元格标签中派生出的三值模式。首先,可以从视觉上将邻域看成一个八边形,每个顶点都按照图 6-1(b)中使用的规定进行标记。其次,可以将其表示为一个由 3 个符号组成的字符串(＋表示"更高",一表示"更低",0 表示"相同");字符串中的第一个符号对应于东相邻单元格,随后的符号按逆时针顺序对应于相邻单元格。然后,将字符串模式转换为十进制数(图中显示的该模式的十进制数为 2159)。最后,图 6-1(d)表明中心单元格已经被分类为♯2159。

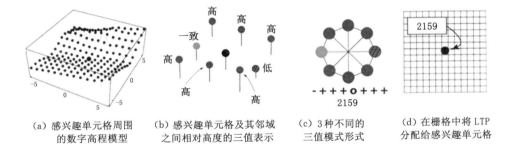

(a)感兴趣单元格周围　(b)感兴趣单元格及其邻域　(c)3 种不同的　(d)在栅格中将 LTP
　的数字高程模型　　　之间相对高度的三值表示　三值模式形式　分配给感兴趣单元格

图 6-1　将局部三值模式(LTP)应用于地形要素分类的流程[18]

6.2.2.2　基于局部三值模式的高程角度

在实际应用中,描述中心单元格周围地形类型的三值模式不是从高程差异计算而来,而是通过计算中心单元格的天顶角和天底角得到。具体方法是:基于 8 个主要的罗盘坡向,从 DEM 中提取 8 个高程剖面,从中心单元格沿 8 个坡向延伸直到"查找距离"L,计算每一个坡向上的高程角度,这里高程角度是指水平面与连接中心单元格和位于剖面上的点的直线之间的角度。如果剖面上的点的高程低于中心单元格,则高程角度为负;如果剖面上的点的高程高于中心单元格,则高程角度为正;如果剖面上的点的高程等于中心单元格,则高程角度为 0。

对于每个剖面,都会计算出一组高程角度 $_DS_L$,D 表示该高程角度的坡向,L 表示查找距离。定义剖面的天顶角为 $_D\varphi_L = 90° - _D\beta_L$,其中 $_D\beta_L$ 是 $_DS_L$ 中最大的高程角度。类似地,定义剖面的天底角为 $_D\psi_L = 90° - _D\delta_L$,其中 $_D\delta_L$ 是 $_DS_L$ 中最小的高程角度。由此,天顶角是天顶和视线之间的角度,而天底角是相对于水平面反射高程剖面所产生的一条假设的视线和天底之间的角度。天顶角和天底角都是正定义的,其范围从 0° 到 180°。

对应于坡向 D 和查找距离 L 的三值模式中的值用符号 $_D\Delta_L$ 表示,并由下式给出:

$$_D\Delta_L = \begin{cases} 1, & _D\psi_L - _D\varphi_L > t \\ 0, & |_D\psi_L - _D\varphi_L| = t \\ -1, & _D\psi_L - _D\varphi_L < t \end{cases} \tag{6-1}$$

上式中有两个自由参数,一个是查找距离 L,另一个是平坦度阈值 t。特别地,由于地形要素通常可以由一个无限大的 L 值识别,因此,使用基于视线的邻域而不是基于网格的邻域计算三值模式更为有效。在实际应用中,通过使用更大的 L 值,可以识别更宽范围尺度上的地形要素。

LTP 所定义的模式具有 8 个值,因此理论上有 $3^8 = 6\ 561$ 种可能的模式。然而,其中许多模式是由其他模式旋转或反射而成,因此消除重复后,可以得到 498 个模式的集合,并将这些模式称为 Geomorphons。不同 Geomorphons 的丰度非常不均匀,最常见的 30 个 Geomorphons 占所有单元格的 85%。

Geomorphons 构成了一个全面而详尽的地形要素集合,其计算过程包括:

(1) 逐个扫描 DEM 单元格,在每个单元格中,计算出所有 8 个主要坡向上的 $_D\Delta_L$ 值。

(2) 将 $_D\Delta_L$ 值代入公式(6-1)中以获取一个三值模式,并计算模式的十进制标签。

6.2.3 编码查找表

为了创建包含前 10 个最常识别的地形要素的编码,需要将 498 个 Geomorphons 的集合重新分类为 10 个所选形式。但是,实践中都会导致一小部分单元格被错误分类,因此,建立了一种基于特定查找表的重分类公式。该查找表由 Geomorphons 的三值模式之间的相似性构建,图 6-2 显示了该查找表:行表示模式中 -1 元素的数量,列表示模式中 1 元素的数量。例如,原型平地的 Geomorphons 仅由 0 三值元素组成,因此它的 -1 元素数量为零,其 1 元素数量也为零。这个 Geomorphons 将落在查找表的左上角。

−\+	0	1	2	3	4	5	6	7	8
0	FL	FL	FL	FS	FS	VL	VL	VL	PT
1	FL	FL	FS	FS	FS	VL	VL	VL	—
2	FL	SH	SL	SL	HL	HL	VL	—	—
3	SH	SH	SL	SL	SL	HL	—	—	—
4	SH	SH	SP	SL	SL	—	—	—	—
5	RI	RI	SP	SP	—	—	—	—	—
6	RI	RI	RI	—	—	—	—	—	—
7	RI	RI	—	—	—	—	—	—	—
8	PK	—	—	—	—	—	—	—	—

FL—平地；PK—山峰；RI—山脊；SH—肩部；HL—凹槽；SL—斜坡；
SP—凸地；FS—足坡；VL—山谷；PT—山底。

图 6-2　重新分类 Geomorphons 为 10 种常见地貌类型的查找表[18]

该编码的输入包括一个栅格数据集和两个标量参数。栅格是数字高程模型，两个自由参数是查找距离（以米或单元格单位为单位）和平坦度阈值（以度为单位）。编码返回两个栅格输出结果，其尺寸与输入数字高程模型相同。第一个栅格包含分配给每个单元格的 Geomorphons 模式的十进制标签（共 498 个），用于查询高度特定的地貌类型的数据集。第二个栅格存储 Geomorphometric 模式 10 个最常见的地形要素。

6.2.4　总结

6.2.4.1　方法优势

Geomorphons 方法提供了一种新的视角：首先，该方法基于机器视觉的原则，而非微分几何。其次，可以同时在不同的空间尺度上对地貌进行分类，同时，所提出的自适应尺度能够有效提高计算效率。

通过 Geomorphons 的实验和方法发现：有限数量的基本模式足以概括所有可能的地形形态，局部地表形态可以在局部最优空间尺度上确定。

Geomorphons 方法的优势包括：

（1）不使用固定大小的邻域，而自动调整邻域的大小和形状以适应局部地形的几何形状，能够基于数字高程模型确定最适合的地形要素及其尺度。

（2）使用不同的查找距离创建的模式会随着 L 的增加而迅速收敛。这意味着虽然查找距离是一个自由参数，但可以根据数字高程模型的分辨率和其尺度的空间变异性自适应设置为最佳值，以在最优的尺度上提取地形要素。

（3）所提出的计算流程可以进行快速计算，但是增加查找距离的值会增加计算成本。

6.2.4.2 未来改进

Geomorphons 算法的未来研究将集中在两个主要方面的扩展上。

（1）添加第三个自由参数——排除距离，以进一步限制识别地形要素的尺度范围。查找距离确定了地形要素的最大尺度，但目前的 Geomorphons 方法没有参数来设置最小尺度。排除距离可以设置地形要素的最小尺度，以防止焦点位置的直接邻域确定该位置的要素。

（2）构建不同的查找表，使 Geomorphons 方法更适用于异域地形，如火星和月球表面或海底表面。

6.3 基于面向对象图像分析的地形要素提取与识别

6.3.1 背景

随着数字高程模型精度的不断提高，基于像元级和基于对象的数据分析的差异已经被讨论了十多年。单独的像元无法代表数字高程模型中一个区域的特征。基于点的分析难以适用地形要素分析，除山峰、山口和坑洞之外，大多数地貌对象都有线性或面积范围。

基于对象的策略旨在将相似的像元聚类或分组成一个超像元。在过去 10 年中，基于对象的图像分析（object-based image analysis，OBIA）在遥感领域中得到了广泛应用，被认为具有克服与每像元分析相关的弱点的潜力，例如忽略实体的几何信息和空间-上下文信息。因此，学者开始尝试建立地貌的对象概念模型，并将基于对象的图像分析技术用于从数字高程模型中进行地形要素的提取和分类。尽管过去 5 年中数字高程模型分析中 OBIA 应用的数量有所增加，但仍缺乏适用于全球尺度的基于对象的方法学。图 6-3 展示了基于像元和面向对象的地形要素分类对比。

6.3.2 面向对象的多尺度分割

6.3.2.1 多分辨率分割

作为基于对象的图像分析技术的一部分，前期研究发现[25]多分辨率分割（multi-resolution segmentation，MRS）算法对于数字高程模型中的形态不连续性具有敏感性。因此，需要开发一种基于对象的方法，以在更广泛的尺度上将数字高程模型中的地形自动分类为地表形态。

多分辨率/多尺度分割算法根据用户定义的尺度参数所定义的局部同质性程度，将单个像元合并为图像对象或区域。多分辨率分割的核心在于通过不断增加尺度参数来生成同一数据集的多个分割，计算每个尺度下的特征值与作为

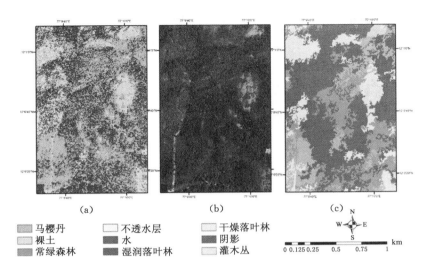

(a)　　　　　　　　(b)　　　　　　　　(c)

- ■ 马樱丹　　　□ 不透水层　　　□ 干燥落叶林
- ■ 裸土　　　　■ 水　　　　　　■ 阴影
- ■ 常绿森林　　■ 湿润落叶林　　□ 灌木丛

0　0.125 0.25　　0.5　　0.75　　1　km

图 6-3　基于像元与面向对象的地貌

场景级别对象的平均标准差。

基于数字高程模型的多分辨率分割的基本流程包括[13]：

（1）输入通道信息，这里的通道可以包括剖面曲率、平面曲率、坡度梯度和海拔高度等，并分配不同通道的权重。

（2）采用自下而上的方法，基于最小的尺度参数值对数字高程模型进行分割。

（3）在每个上层尺度上，尺度参数值随着增量增加，计算每个新尺度与前一个尺度之间的差异，直到差异值等于零或负数。这里的差异值可以是局部方差、局部标准差，等等。

（4）依次循环，找出最大化对象间的可变性并最小化对象内的可变性的尺度参数。

图 6-4 显示不同尺度下的地形要素分割结果对比。

特别地，基于数字高程模型的多分辨率分割的尺度参数通常控制两个因素[13,17]：第一个是控制对象内部异质性和对象形状的重要程度比，另外一个是在形状参数设置中，主要控制平滑度和紧凑度。平滑度高的分割对象具有相对"自然"的边界，紧凑度高的分割对象具有相对"圆滑"的边界，避免了分形形状和人造压缩对象。调整尺度参数通常影响分割对象的整体大小：较大的参数值导致更大的对象，反之亦然。此外，可以调整形状以及图像通道对分割对象同质性的影响。

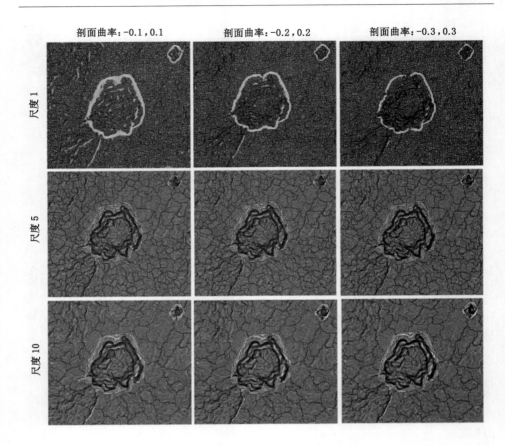

剖面曲率：-0.1,0.1　　　剖面曲率：-0.2,0.2　　　剖面曲率：-0.3,0.3

尺度1

尺度5

尺度10

图 6-4　不同尺度下的地形要素分割结果对比[26]

6.3.2.2　多尺度分割优化

多分辨率分割算法将图像对象的平均异质性加权大小最小化。当应用于数字高程模型,特别是具有大范围和对比强烈的地形的数字高程模型时,尺度参数值往往会过分分割粗糙区域。为解决这一问题,学者提出将分割尺度结构化为3 个级别[17],并借助分割与嵌套均值方法[27]强化各个级别的分割效果。多尺度分割优化基本流程如下[17]：

（1）使用最佳尺度参数值对数字高程模型进行分割,并根据场景级别对象的平均高程给出的阈值,将分割对象分为两个数据域：高和低。

（2）每个数据域继续使用优化的尺度参数值进行进一步分割,并根据平均高程给出阈值,将分割对象分为第二级别的数据域：高和低。

（3）迭代（1）和（2）过程,然后对每个尺度的分割使用不同的增量值来优化尺度参数,从而实现最优多尺度级别的选择。

　　另外,分割尺度也与场景的复杂性密切相关[28]。若小型和大型对象可以在同一级别中共存,则使用单个尺度参数值进行分割会过分分割较大的对象,且不完整分割较小的对象。为了解决这个问题,可以对每个级别的数据域进行两次分割,将使用较大尺度参数值分割的对象分为两组:一组平均高程和最大高程都低于数据域,另一组平均高程和最小高程都高于数据域,保留属于两组的对象,而其他对象则进一步分割为较小的对象。图 6-5 是最优分割尺度筛选示例。

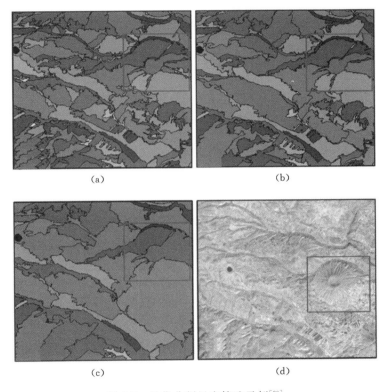

（a）　　　　　　　　　　　（b）

（c）　　　　　　　　　　　（d）

图 6-5　最优分割尺度筛选示例[29]

6.3.3　多级别分类策略

　　分类通常分为几个级别。在每个级别上,阈值会自动设置为高程和其标准差的平均值。数字高程模型场景级别的平均值通过对象值计算,对象值表示每个对象内单元格值的平均值。

　　例如[13]:第一级别的对象按对象的平均高程被划分为“高”和“低”两类。在第二级别上,通过对象的平均标准差值将类别“山脉”、“高原和高山”、“低山丘”

和"平原"分开。第三级别的对象根据平均高程(类别"高山"、"低山"、"高原"和"低原")和高程的平均标准差值(类别"高山丘"、"高原"、"崎岖低山丘"和"平缓低山丘")进行分类。

6.3.4 总结

6.3.4.1 方法优势

面向对象的地形要素提取与识别具有以下特点:

(1)简单性。简单性在于避免数据预处理、派生额外的输入层(例如坡度和曲率)和参数化,即决定哪种输入变量的组合适合以及如何权衡它们在分类中的重要性。

(2)通用性。提取能够满足区域化要求,即最大化内部同质性,同时最小化外部同质性。所得到的地貌类别与地形表面重合,能够很好地描述研究区域的地貌特征。

(3)多尺度性。能够支持多尺度下的地形要素提取,分割使用的参数的平均值(剖面曲率、平面曲率、坡度梯度、高度和相对高度),在不同尺度下具有尺度不变性。

6.3.4.2 未来改进

大多数面向对象的地形要素提取方法依然依赖于为不同参数指定的临界阈值。分割所需的对象形状和基于邻域的分类规则等,均依赖于海拔、坡度梯度和曲率的绝对值。对于一个地形适用的尺度参数,难以迁移到对另外地形的分割作业中。

同时,面向对象的地形要素提取方法容易导致过度分割(表现为相对较小的平均大小的分割对象),会产生分散的分类,需要进一步概括。尤其面对高分辨率数字高程模型数据集时,这一挑战更为棘手。

6.4 基于模糊集分类的地形要素提取

6.4.1 背景

地形要素中,用于描述各种类别的定义往往存在模糊性(例如,表征或估计的不准确性)或用于描述地形要素类别的定义不精确或存在重叠的信息。模糊集是处理连续数据的数学方法,基于模糊集的分类主要使用模糊命题函数将数据分类为各种模糊集或语义类别。

因此,将模糊逻辑用于对连续变量的现象进行分类,能够通过严格界定的分类系统来精确描述不同的地形要素,有助于解决包含从完全真实到完全错误的值的问题。在地形要素提取中,模糊集、模糊逻辑和模糊分类技术已被用于确定将地表分类为预定义的地形要素的条件。

6.4.2　特征选择

模糊集的特征选择通常包括 3 个主要步骤[30-31]。首先,基于数字高程数据计算坡度梯度、平面曲率和剖面曲率几个参数,以定量描述地貌形状和地貌相对位置。然后计算其他复合地形指数,通常包括多重流向上坡面积和相对湿度指数。最后,计算基于相对高程描述绝对地形或相对坡位的各种指数,以确定数字高程模型中每个单元的空间-上下文信息。

特征选择如表 6-1 所示。

表 6-1　基于模糊集的地形参数[31]

地形参数	参数描述
坡度梯度	以百分比表示的坡度梯度(有限差分法)
纵向曲率	向下斜坡方向的坡度变化率,以每 100 m 为单位的度数(有限差分法)
平面曲率	横向坡度方向的坡度变化率,以每 100 m 为单位的度数(有限差分法)
湿度指数	测量相对饱和或湿度的可能性
相对于整个研究区域的最小和最大高程的 Z 值百分比	每个单元格相对于最小高程和最大高程的 Z 值百分比
相对于每个流域的顶部和底部的 Z 值百分比	每个单元格相对于每个定义的流域中最大高程的局部坑位高程的 Z 值百分比
相对于整个研究区域坑和峰的 Z 值百分比	每个单元格相对于当地坑位高程的 Z 值百分比
相对于最近的河流和分水岭的 Z 值百分比	每个流域中局部峰顶高程的 Z 值百分比
相对于整个研究区域坑的绝对高度的 Z 值百分比	每个单元格相对于最近的被指定为河道单元格的单元格的 Z 值百分比,或每个单元格相对于最近的被指定为当地分水岭(或山脊)单元格的 Z 值百分比
最大坑穴到峰值差异的绝对高度(Z 值)	每个格网单元格相对于它所引流的当地坑位单元格的绝对高程差异

6.4.3　模糊集构建

6.4.3.1　模糊集模型

表 6-1 所计算出的 10 个地形导数被用来定义 20 个模糊地形属性。每个模

糊地形属性都代表一种尝试通过表达地形导数值在模糊地形属性类别中的隶属度程度来量化模糊语义构造,例如在平面上相对陡峭或凸出的可能性。隶属度程度以 0 到 100 的连续整数表示。

通过选择适当的模型[32],针对每个地形导数应用适当的边界值或中心概念值和离散指数,完成对模糊地形属性值从 0 到 100 的缩放。在将地形导数转换为模糊地形属性的 5 种不同模型中,本书使用了模型 1、模型 4 和模型 5(图 6-6)。模型 1 用于计算相对可能接近中坡地形位置的属性,其中中坡的中心概念被取为相对于最近的局部坑和山峰单元格计算的地形位置 50% 的值。在这个模型中,占据中坡地形位置的相对可能性会在向两个坡向(上和下)的模态值外推进时以对称方式减少。模型 4 用于计算相对凸出(在横截面或平面上)或相对陡峭的属性,在这个模型中,所有输入地形导数大于指定的上边界值(b)的值都被选出。同样,应用模型 5,存在某个输入地形导数的最小值,在其下的所有值都被选出。

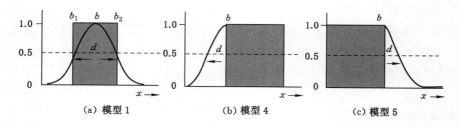

图 6-6　模糊集模型示例[32]

然后,利用专家判断被用来选择每个模糊地形属性的适当的 b 和 d 值。根据经验,所有曲率大于 $10°/100\ m$ 的单元格被认为完全满足凸出的分类标准(无论是在横截面还是在平面上),而所有曲率小于 $-10°/100\ m$ 的单元格被分类为凹的。

6.4.3.2　地形要素转换

地形要素分类系统的每一个类型都是由凸组合的模糊地形属性表达的语义构造描述的。例如,一个平坦的山顶被描述为几乎平坦,相对接近于当地流域的顶部,相对接近于当地的分水岭;平面和剖面都相对平坦,对于其所在的流域相对于当地基准高程较高。这些定义体现了在描述和定义一系列概念性地形要素类型时所使用的语义中存在的模糊性或不确定性。

为了表达给定单元格属于每个特定地形类的整体可能性,为每个定义的地形要素类计算了联合成员函数(Joint Member Function,JMF)。通常确定联合成员函数值的方法是应用模糊最小函数并将每个单元格分配给一个联合成员函数等效值,该等效值等于所使用的输入各个成员函数中的最低值。

这样,每个定义的地形要素类的联合成员函数(JMF$_A$)可用于描述给定类的模糊地形属性的各个成员函数(MF$_{A_j}$)的加权线性平均值,乘以分配给每个模糊地形属性的相对权重因子(W_j)。

$$JMF_A = \sum_{j=1}^{k} W_j \times MF_{A_j}, \text{ 其中} \sum_{j=1}^{k} W_j = 1, \cdots, W_j > 0 \qquad (6\text{-}2)$$

通过公式(6-2)应用启发式规则库,对数字高程模型中的每个网格单元格计算不同地形要素的联合成员函数值,每个联合成员函数值对应于不同地形要素中的一个。且对于坡度梯度、剖面曲率和平面曲率等模糊地形属性分配最高的相对权重。然后通过确定哪个地形要素中具有最大联合成员函数值,即为该单元格分配具有最大联合成员函数值的地形要素类型。

6.4.4　分类

基于专家知识和模糊语义,进行地形要素的分类,包括以下步骤[31]:

第一步,将每个地形导数转换为连续的 0 到 100 的值,用模糊语义描述地形属性,如:一个网格单元近乎水平或接近中坡的程度。具体包括两个步骤:

(1) 构建语义模型规则库,定义每个地形导数数据转换为模糊地形属性值的规则,用于表示单元格特定地形属性的模糊可能性。

(2) 将语义应用于计算的地形参数,将原始地形导数数据集转换为 0 到 100 的模糊地形属性值。

第二步,将单个模糊地形属性值转换为连续的 0 到 100 的数字,表示给定单元格或属于某个地形要素类别的可能性。具体包括 3 个步骤:

(1) 构建一组规则,将每个地形要素定义为地形参数值的加权线性模糊组合,计算所选地形要素的联合概率函数。

(2) 将规则库应用于一定模糊地形参数的数据集,计算每个网格单元的每个地形要素类别的联合概率函数值。

(3) 通过确定每个网格单元具有最大联合概率函数值的地形要素类别,将每个单元格分配到该类别来强化模糊分类。

6.4.5　总结

6.4.5.1　方法优势

虽然基于统计的方法可以提供更多的信息,但通常需要对大量的数据进行处理和分析,而且依赖于数据质量、样本大小和统计方法等方面。使用专家知识而不是统计分析来定义地形要素,允许定义一组标准的概念空间实体,能够表达不同地形要素的应用分类和属性。

基于专家知识和启发式规则的方法更加快速、简便和直观,且能够应用于不同的应用领域与空间范围。

由于启发式方法的构建需要一定的知识体系,以显性地解释地形要素的空间结构和空间关系,从而帮助人们更好地理解地貌性质或与地貌有关的现象差异。

使用模糊逻辑而不是离散的布尔逻辑来定义和描述所需的地貌实体。通过采用诸如"相对陡峭"和"相对凸"等模糊语义构造的连续定义,可以更广泛地应用一组启发式规则,并适用于广泛尺度的地形要素表达。

6.4.5.2 未来改进

启发式方法可能会受到专家主观判断的影响,因此在使用启发式方法时需要谨慎地考虑专家的背景和经验。将来的模糊分类方法需要允许类别的软性过渡,避免了清晰的阈值。

同时,模糊分类规则库应用到具有缓和的起伏地貌、低坡度梯度、低地形曲率和低高程地区时,其效果不如预期。需要针对基于坡度和曲率的模糊地貌属性定义的初始规则库进行修订,以支持使用更低的值来区分平坦的元素和倾斜的元素,以及平面的元素和凸或凹的元素。

6.5 基于空间-上下文耦合的地形要素提取与识别

6.5.1 背景

利用地理学的第一定律,任何单个像元的值与其邻近像元的值相关。这些像元一起表示描述地形变化的空间模式和背景。应用这个原则,分析空间-上下文知识的方法已经成为支持基于对象的栅格分析的新途径。空间-上下文概率模型基于地形表面的物理特性,使用耦合概率来表示目标对象的山脊线或山谷线沿着方位数据的变化。通过制定特定地形特征的空间关系和背景,可以实现更精确的地形对象提取。

6.5.2 地形要素的空间-上下文表征

山丘、谷地等地貌的形态特征具有共同特点[19]:总是沿着一个逐渐改变坡向的路径进行。因此,可通过 3 个参数:坡度、曲率和坡向来描述地形内的高程变化。其中,坡度定义地形的陡峭程度,曲率定义坡面弯曲程度,坡向定义坡的定向坡向。以下是计算坡度[式(6-3)]、曲率[式 6-6)]和坡向[式(6-9)]的偏微分方程的有限差分逼近。

$$\text{Slope} = \arctan(b^2 + c^2) \tag{6-3}$$

$$b = \frac{z_3 + 2z_6 + z_9 - z_1 - 2z_4 - z_7}{8D} \tag{6-4}$$

$$c = \frac{z_1 + 2z_2 + z_3 - z_7 - 2z_8 - z_9}{8D} \tag{6-5}$$

$$\text{Curvature} = \arctan(b'^2 + c'^2) \tag{6-6}$$

$$b' = \frac{s_3 + 2s_6 + s_9 - s_1 - 2s_4 - s_7}{8D} \tag{6-7}$$

$$c' = \frac{s_1 + 2s_2 + s_3 - s_7 - 2s_8 - s_9}{8D} \tag{6-8}$$

$$\text{Aspect} = \arctan\left(\frac{b'}{c'}\right) \tag{6-9}$$

式中：b 和 c 表示水平和垂直坡向上的斜率；b' 和 c' 表示水平和垂直坡向上的坡向；D 是线性空间分辨率；z_i 是位置 i 处的高程，它映射了中心像元周围 8 个像元的索引，$i=1,2,3,4,6,7,8,9$，分别表示西北/NW、北/N、东北/NE、西/W、东/E、西南/SW、南/S、东南/SE。坡度，用于表征地形的陡峭程度，是高程的一阶导数。曲率，指坡度的斜率，是高程的二阶导数。因此，式（6-7）中的 s_i 表示中心像元周围相同 8 个坡向上的坡度值。

虽然坡度或曲率通常用于地形分析，但根据初步实验，这两个参数并不总是有效地检测线性形态特征的边界/边缘。相反，坡向数据可以捕捉山脊和陨石坑边界相对两侧坡向的突然变化。坡向还具有尺度不变性的优点，因此适用于多尺度分析。

6.5.3　基于空间-上下文的地形要素建模

6.5.3.1　地形要素边缘的多邻域线性表达

如图 6-7 所示，首先描述在多山地地形中线性地形要素的边缘像元的特征。假设存在这样一个边缘像元（p_0），具有以下特性：

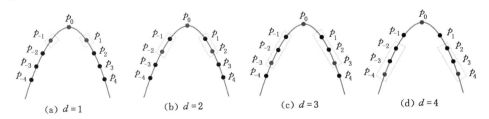

p_0—山脊像元；$p_1, \cdots, p_4, p_{-1}, \cdots, p_{-4}$—距离 p_0 一定距离内的山下像元。

图 6-7　不同距离下 p_0 的多个邻域的示意图[19]

（1）p_0 及其邻域沿着线性特征（山脊线与山谷线）两边的坡向,应该相似。

（2）p_0 及其邻域沿着垂直于线性特征（山脊线与山谷线）两边的坡向应该不同。

然而,仅使用像元 p_0 的直接邻域（即 p_1）可能会导致像元级分析中经常遇到的问题,即结果会受到像元邻域的准确性的高度影响,并且可能会捕捉到局部最优解而不是全局最优解。为了克服这些限制,使用多个邻近像元共同确定一个像元是否为边缘像元。即,不是仅查看在 $d=1$ 上两个相反坡向上的 p_0 及其直接邻域（p_1,p_{-1}）,而是还将考虑距离 $d \geqslant 2$ 的邻域。请注意,最多只考虑每侧 3 个邻域。因此,当 $d=4$ 时,仅考虑 p_2,p_3,p_4 和 p_{-2},p_{-3},p_{-4},而不是 p_1 到 p_4 和 p_{-1} 到 p_{-4}。

6.5.3.2 概率视觉描述符量化边缘像元

基于多邻域表达机制,进一步提出了一种用于边缘检测的概率视觉描述符。首先,定义一个函数 g,提供中心像元 p_0 和其附近像元之间关系的模糊度量,如下式所示:

$$g(p_0,\cdots,p_n)=\begin{cases} 1,? \text{ aspectVariation}(p_0,\cdots,p_n) == \text{True and} \\ \quad ? \text{ elevationVariation}(p_0,\cdots,p_n) == \text{True} \\ \delta,\text{其他} \end{cases} \quad (6\text{-}10)$$

$$\max_{i\in[1,n]} | \text{Ap}_0 - \text{Ap}_i | \geqslant \theta_1 \Rightarrow \text{aspectVariation}(p_0,\cdots,p_n)=\text{True}$$

$$(6\text{-}11)$$

$$\max_{i\in[1,n]} | \text{Ep}_0 - \text{Ep}_i | \geqslant \theta_2 \Rightarrow \text{elevationVariation}(p_0,\cdots,p_n)=\text{True}$$

$$(6\text{-}12)$$

式中,当坡向和高程都有可观察的变化时,g 为 1。对于条件函数 aspectVariation(•) 和 elevationVariation(•),设置了两个阈值。公式(6-11)表达了如何数学上识别坡向(Ap)变化。当中心像元与任何邻域像元之间的最大坡度差异高于阈值 θ_1 时,存在可观察到的坡向变化,因此 aspectVariation(•) 为 True;否则,aspectVariation(•) 为 False。类似地,如式(6-12)所示,如果中心像元与其相邻像元之间的最大坡度差异高于阈值 θ_2,则存在可观察到的高程变化,因此 elevationVariation(•) 为 True;否则,elevationVariation(•) 为 False。

设置两个阈值参数 θ_1 和 θ_2 的原理如下。θ_1,即坡向差,反映了在得出像元对是否共享相同坡向（即两个像元位置处的坡度是否具有相同的坡向）时的可信程度。随着 θ_1 的增加,在确定是否存在坡向差异时越来越严格,导致精度越来越高。然而,因为将考虑更少的候选像元,所以召回率（可以提取的真实山脊/山谷像元的百分比）会降低。通过实验,θ_1 取值在 22.5°到 45°之间可以在精度和召回率之间达到良好的平衡。

对于 θ_2,使用常见的 6‰ 坡度标准将非平坦地形与平坦地形分开[33]。当两个条件(θ_1 和 θ_2)都满足(＝True)时,g 等于 1。较高的 g 值表示像元是山脊或山谷的可能性更大,因为这些区域是高程变化和坡度坡向(坡向)变化的地方。当两个条件中的任何一个不满足时,g 等于代表模糊因素的小常数 δ。模糊因子 δ 给像元一个很小的机会成为边缘像元,同时允许在决定坡向是否相似时存在潜在误差的容差。δ 的值计算在后面的章节中解释。

接下来,定义两个事件及其概率。

定义 1——事件 X。 事件 X 决定了任何像元(例如 p_0)在考虑其某个距离的邻域时被视为山脊/山谷像元的概率 P,表示为:

$$P(X_{p_0} \mid D=d) = g(p_{-d}, p_0, p_d) \tag{6-13}$$

根据公式(6-10),定义另一个事件 Y。

定义 2——事件 Y。 事件 Y 确定了 p_0 的每个邻域对 p_0 被视为山脊/山谷像元的概率做出的空间-上下文贡献。

$$P(Y_{p_0} \mid \max(1,d-2) \leqslant D \leqslant d) = \begin{cases} 1, d=1 \\ g(p_d, p_{d-1}) \times g(p_{-d}, p_{-(d-1)}), d=2 \\ g(p_d, p_{d-1}, p_{d-2}) \times g(p_{-d}, p_{-(d-1)}, p_{-(d-2)}), d=3 \end{cases} \tag{6-14}$$

在定义 1 中,当 p_0 和 p_d 不在同一坡向时,$P(X)$ 的值较高,因为这时 p_0 更有可能是山脊/山谷像元。在定义 2 中,边缘两侧多个邻域呈现的地形变化被一起考虑。提供第二个定义是为了在概率计算中考虑每侧不止一个邻域。事件 Y 的概率值在 p_2 和 p_1 的坡向以及 p_{-2} 和 p_{-1} 的坡向($d=2$ 时)相等时较高。在 $d=3$ 或更高时,将同时考虑每侧 3 个连续的像元。例如,当 $d=3$ 时,当 p_3、p_2 和 p_1 具有相同的坡向,p_{-3}、p_{-2} 和 p_{-1} 具有相同的坡向时(彼此相同,但不同于 p_3、p_2 和 p_1),概率值较高。

根据上述定义,考虑到 p_0 及其两侧的邻域以及山脊或山谷线每侧邻近像元呈现的趋势,可以使用下式计算耦合概率:

$$P(p_0) = \sum_{i=1}^{d} \tilde{\omega}_t P(X \mid D = \max(1,(i=1)) \times$$
$$P(Y \mid \max(1,(i-2)) \leqslant D \leqslant i)) \tag{6-15}$$

在公式(6-15)中,通过沿一个坡向交互式地扩大邻域区域(南北、东西、西北-东南或东北-西南),可以获得概率(P)。图 6-8 中显示了所定义的 $P(X)$ 和 $P(Y)$(虚线矩形中的点)。计算 $P(X)$ 涉及突出显示为较亮的像元,而计算 $P(Y)$ 涉及虚线线框中每个矩形内的像元。$\tilde{\omega}_i$ 是加权因子。在本节中,对于公式(6-15)中的每个术语，$\tilde{\omega}_i$ 设置为相同的值（$\tilde{\omega}_i = 1/d$）。

6.5.3.3 视觉描述符和邻域模式融合的耦合概率模型

公式(6-15)利用了单个坡向上多个邻域之间的空间-上下文信息。为了进一步改进结果，将邻域带的宽度扩展为 3 个：一个基本中心像元 p_0 和两个相关像元[左侧像元 lp_0 和右侧像元 rp_0，参见图 6-8(b)的示例]。然后将概率值相加，根据下式生成单个值：

$$P(p_0) = w_1 P(p_0) + w_2 P(lp_0) + w_3 P(rp_0) \tag{6-16}$$

式中，$w_1 = w_2 = w_3$，表示概率值的和在加权方面相等。

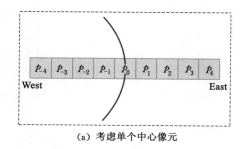
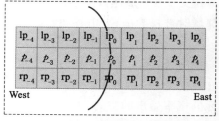

(a) 考虑单个中心像元　　　　　　(b) 考虑沿一个坡向的 3 个像元带

图 6-8　将模型从考虑单个中心像元扩展为考虑沿一个坡向的 3 个像元带[19]

这种扩展特别用于检测崎岖地形中线性特征的边缘。考虑到任何线性特征的运行都遵循一定的坡向，沿其运行坡向的相邻像元成为边缘像元的概率也很高。然而，仅使用 $P(p_0)$ 的值仍然不能确定中心像元是否为边缘。当 p_0 是脉冲噪声时，可以通过比较两个坡向对之间的概率值来解决此问题：南北到东西坡向对[图 6-9(a)]和西北到东南到东北到西南坡向对[图 6-9(b)]。如果 p_0 被认为是边缘像元，则使用公式(6-16)计算其概率应在一个坡向上很高，在其垂直坡向上很低。

将以下规则应用于每个坡向对：

$$P_{+/\times}(p_0) = \begin{cases} \max(P(p_0), P_\perp(p_0)), & (P(p_0) - \theta)(P_\perp(p_0) - \theta) < 0 \\ \min(P(p_0), P_\perp(p_0)), & \text{其他} \end{cases}$$

$$\tag{6-17}$$

式中：$P(p_0)$ 和 $P_\perp(p_0)$ 表示一对坡向中的概率，例如，如果 $P(p_0)$ 表示南北对的概率，那么 $P_\perp(p_0)$ 表示相应的东西对的概率，反之亦然；$P_+(p_0)$ 是将 $P(p_0)$ 和 $P_\perp(p_0)$ 两者集成的结果，同样，$P_\times(p_0)$ 表示集成对角线坡向上两个概率值的结果；θ 是确定高/低概率的截止值，θ 值的范围是 0～1。

公式(6-17)的机制如下：如果一个概率值很高，另一个概率值很低，则选择高概率值；如果两个概率值都很高或都很低，则选择较低的值。最后，根据 $P_+(p_0)$

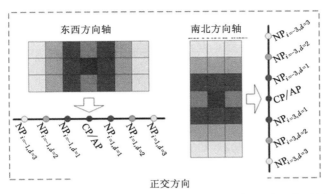

(a) 当南北坡向的概率值低，而东西坡向的概率值高或反之，则 $P(p_0)$ 高

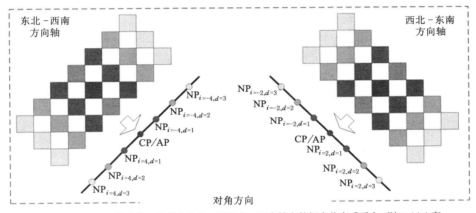

(b) 当西北－东南坡向的概率值低，而东北－西南坡向的概率值高或反之，则 $P_\perp(p_0)$ 高

图 6-9 垂直坡向用于确定 p_0 是边缘像元的耦合概率

和 $P_\times(p_0)$ 的结果，通过使用下式计算在观察 p_0 时作为边缘像元的最终概率：

$$P_{\text{final}}(p_0) = \max(P_+(p_0), P_\times(p_0)) \tag{6-18}$$

在得出最终概率后，公式(6-18)将应用于研究区域内的每个像元，然后可以生成概率地图，其中概率高的区域(＞0.5)被分配为1，其余区域被分配为0。

6.5.4 结果对比

为了验证所提出的方法在提取崎岖地形中的线性特征方面的性能，将其应用于提取两种类型的特征：撞击坑(用于边界提取)和山峰(用于脊线/谷线提取)。还将此方法的结果与以下5种流行技术的结果进行了比较。

- 方法1：使用平均曲率作为输入数据的阈值法。
- 方法2：数字高程模型的流网络分析。

- 方法 3：基于平均曲率的目标分割和模糊分类。
- 方法 4：基于使用局部二元模式建立地形要素的描述符。
- 方法 5：使用 Canny 算子在高程数据上进行边缘检测。

6.5.4.1 陨石坑/火山口边界提取

实验研究美国亚利桑那州的 Meteor Crater 陨石坑和内华达州的 Lunar Crater 火山口的边界。选择陨石坑是因为它们的脊线是线性特征，与山脉脊线和谷线相比，其边界易于定义，并且与山脉脊线和谷线不同，它们通常具有圆形形状（带有开放或封闭的边界）。数据为从 OpenTopography 平台获取的高分辨率数字高程模型（1 m 分辨率）。

Meteor Crater 的提取结果如图 6-10 所示。Meteor Crater 是位于美国亚利桑那州北部高原的 Flagstaff 东部和 Winslow 西部的陨石撞击坑。该撞击坑的直径、深度和面积分别为 1.186 km、170 m 和 1.12 km²。

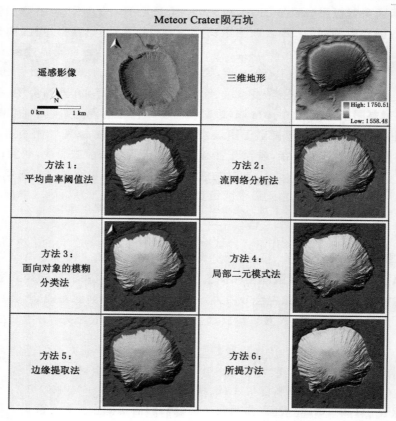

图 6-10　Meteor Crater 边缘的提取结果对比[19]

从提取结果可以看出,方法 1~5 提取的边界都偏离了"真实"(参考)边界。方法 4 的结果比其他方法更好,因为 Meteor Crater 具有相对尖锐的边界,并且使用二值分类模式分析更容易量化。方法 1 和 3 在提取过程中都使用了平均曲率,因此它们的结果相似。方法 3 的表现比方法 1 更好,说明基于对象的分割比阈值法更具有优势。方法 2 的结果边界存在几处错误。尽管水文分析在脊线提取中经常使用,但在使用高分辨率数字高程模型时,即使使用像 ArcGIS 和 QGIS 这样的常用软件,也难以计算流程顺序和流量累积。与方法 1~5 相比,空间-上下文的方法提供了最准确的陨石坑边界提取,因为空间-上下文概率模型能够很好地捕捉地形变化和模式。

图 6-11 展示了 Lunar Crater National Natural Landmark 其中一个火山坑的提取结果,浅色部分表示使用不同方法提取的火山坑区域。该火山坑是内华达州中部 Tonopah 东北部的一座火山口。该火山坑的面积为 287 940 m²。相对于 Meteor Crater 陨石坑,该火山坑更具有地质复杂性:地形从西向东向上倾斜,然后在东侧相对平坦,使边界极其难以识别。

由于这种复杂性,方法 1~5 未能在不进行重要手动工作的情况下检测到 Lunar Crater 火山坑的边界,仅显示这些尝试的初始提取结果。虽然上下文方法的初步结果也包括沿着火山坑墙的许多次要脊线,但该火山坑的边缘仍然可以从次要脊线中分离出来。因此,使用上下文方法勾勒出准确的边界是可行的。

6.5.4.2　山脊线和山谷线提取

第二组实验的目标是在山地中提取山脊线和山谷线,实验数据从 USGS 3DEP 获取。实验结果如下。

局部二元模式产生了最不理想的结果。该法使用高程数据作为输入,并量化中心像元与其相邻的 8 个像元之间的高程变化,以确定它是山脊像元还是山谷像元。这种方法对于低分辨率和中分辨率的数字高程模型的提取效果良好,因为在低分辨率和中分辨率的数字高程模型中地形的局部复杂性被平滑处理,这使得模式更容易捕捉和量化。然而,高分辨率数字高程模型中能够展示地形中的更多局部细节,使得该方法所定义的模式对于小邻域(如 3 像元×3 像元)无法清晰定义存在"噪声数据"的复杂地形。高分辨率数字高程模型中的"噪声数据"可能源于表面特征(如大型岩石或巨石)而导致的突然局部高程变化。因此该法产生了精度非常低的结果——提取了许多错误的聚集山脊像元或山谷像元,同时在提取真正的山脊像元或山谷像元方面的召回率很低。

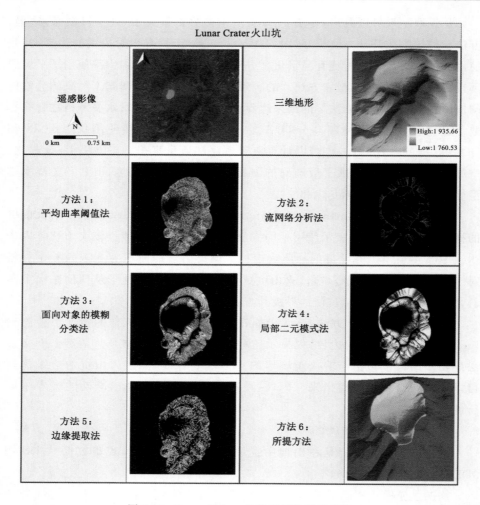

图 6-11　Lunar Crater 边缘的提取结果对比

　　相比之下,阈值法呈现出稍微好点的召回率——更多的山脊/山谷像元已被识别。阈值法比局部二元模式方法应用了更简单的策略,通过设置一个或几个阈值来确定像元是山脊像元还是山谷像元。更高的召回率可能是由于使用曲率数据作为输入,能够更好地表示地貌中的山脊/山谷。然而,在结果中提取的山脊和山谷像元往往一起,导致基于曲率的阈值法难以区分山脊和肩部以及山谷和脚坡。

　　关于山脊/肩部和山谷/脚坡混淆的问题也在边缘检测算法结果中观察到。

将 Canny 算子应用于高分辨率数字高程模型数据进行山脊/山谷提取,以识别存在显著高程变化的区域。然而,存在显著高程变化的区域通常是肩部和脚坡,而不是山脊和山谷。因此,检测到的像元接近但并非真正的山脊/山谷像元。同时,该方法也未能提取出许多山脊和山谷线。虽然边缘检测在应用于光学图像时效果很好,但与之相比,数字高程模型中的边缘(即山脊或山谷)的强度变化不太明显。因此,边缘检测算法无法从高分辨率数字高程模型中提取出令人满意的形态特征。

基于对象的分割法主要基于 1 m 分辨率的曲率数据提取山脊和山谷线,使用这种方法的结果超过了前面提到的方法。然而,该方法仍然存在几个局限性。首先,该过程难以自动化,因为需要尝试多个比例参数来分割数据,以生成最佳的提取结果。其次,与边缘检测问题类似,显著的曲率变化始于肩部和脚坡,因此这些特征更有可能被识别为分割图像区域的边缘。因此,在结果中,提取的山脊位于肩部而不是实际的山脊处。

流网络分析基于水从高到低的流动事实,通过计算流的流向和积累来勾画流域。该原理思想也可以应用于提取山脊和山谷,即,考虑到将水倒入该区域,它最终会流入低高程的谷地。对于山脊线提取,可以反转数据中的高低值,并应用相同的流网络分析方法。使用阈值 20 来选择高积累流量或主要的山脊/山谷线,结果显示流网络分析提取的地形要素通常是断断续续的。这种断开是由于陡峭的地形表面中存在许多随机坡向的流。而当应用于平滑表面或低分辨率数字高程模型时,流网络分析方法的效果更好。

上下文方法所提取的山脊线和山谷线清晰而连续,与地形相匹配,特别能够区分山脊和肩部,以及山谷和脚坡。同时,为测试不同模糊因子 δ 对最终结果的影响,将模糊因子设置为 $1/2$、$1/5$、$1/10$、$1/20$ 和 $1/30$,并比较山脊/山谷像元的数量差异,基于不同参数 θ_1 和 δ 的设置来比较结果。θ_1 确定两个相邻像元之间是否存在方位变化,δ 为存在像元为山脊/山谷像元的小模糊值。结果显示,模糊因子 δ 对结果的影响最小,特别是当设置为 $1/5$ 或更小时。但是,θ_1 的变化会影响结果。当该值较小时,更多符合山脊/山谷像元的建议空间-上下文模式的像元在不同数据集中被识别出来。

6.5.5　总结

6.5.5.1　方法优势

一方面,空间-上下文的模型通过将上下文信息纳入地形表面建模,克服了一些基于像元的分析方法(例如局部二元模式、流网络分析等)所面临的一些限制。另一方面,概率和模糊逻辑的结合使该模型在处理数据不确定性(噪声、误差、粗糙表面等)方面具有有效性。实验结果证实将概率推理和空间-上下文知识融合在一起,可以在提取线性地形要素方面达到卓越的性能,在解决数据挑战和利用高分辨率地形数据支持地形分析方面具有重大意义。

空间-上下文概率模型具有较高的鲁棒性,且只需设置少量参数即可生成令人满意的结果,能够在大范围地区识别线性形态特征(山脊、谷地和洼地边界)。

6.5.5.2 未来改进

该模型可以扩展到提取多种类型的地貌,并与深度学习模型相结合,实现地形分类、特征识别、提取和建模的自动框架,支持大规模、自动地形分析和知识发现。

参考文献

[1] DENG Y X. New trends in digital terrain analysis:landform definition, representation,and classification[J].Progress in physical geography,earth and environment,2007,31(4):405-419.

[2] XIONG L Y,TANG G A,YANG X,et al.Geomorphology-oriented digital terrain analysis:progress and perspectives[J].Journal of geographical sciences,2021,31(3):456-476.

[3] SHARY P A,SHARAYA L S,MITUSOV A V.Fundamental quantitative methods of land surface analysis[J].Geoderma,2002,107(1/2):1-32.

[4] MACMILLAN R A,SHARY P A.Chapter 9 landforms and landform elements in geomorphometry[M]//BOLT G H. Developments in Soil Science.Amsterdam:Elsevier,2009:227-254.

[5] EVANS I S.Geomorphometry and landform mapping:what is a landform? [J].Geomorphology,2012,137(1):94-106.

[6] DIKAU R,BRABB E E,MARK R K,et al.Morphometric landform analysis of New Mexico [J]. Zeitschrift für geomorphologie, supplementband,1995,101:109-126.

[7] LIN C S.Waveform sampling lidar applications in complex terrain[J]. International journal of remote sensing,1997,18(10):2087-2104.

[8] BLASCHKE T,HAY G J,KELLY M,et al.Geographic object-based image

analysis:towards a new paradigm[J].ISPRS journal of photogrammetry and remote sensing,2014,87:180-191.

[9] SARAF A K,CHOUDHURY P R,ROY B,et al.GIS based surface hydrological modelling in identification of groundwater recharge zones[J]. International journal of remote sensing,2004,25(24):5759-5770.

[10] TAROLLI P,SOFIA G,DALLA FONTANA G.Geomorphic features extraction from high-resolution topography:landslide crowns and bank erosion[J].Natural hazards,2012,61(1):65-83.

[11] LINDSAY J B,DHUN K.Modelling surface drainage patterns in altered landscapes using LiDAR [J]. International journal of geographical information science,2015,29(3):397-411.

[12] DRĂGUŢ L,BLASCHKE T.Automated classification of landform elements using object-based image analysis[J].Geomorphology,2006,81(3/4):330-344.

[13] DRĂGUŢ L,EISANK C.Automated object-based classification of topography from SRTM data[J].Geomorphology,2012,141/142:21-33.

[14] ARUNDEL S T,SINHA G.Validating the use of object-based image analysis to map commonly recognized landform features in the United States[J].Cartography and geographic information science,2019,46(5):441-455.

[15] SOILLE P,PESARESI M.Advances in mathematical morphology applied to geoscience and remote sensing[J].IEEE transactions on geoscience and remote sensing,2002,40(9):2042-2055.

[16] AKEL N A,FILIN S,DOYTSHER Y.Orthogonal polynomials supported by region growing segmentation for the extraction of terrain from lidar data[J].Photogrammetric engineering & remote sensing,2007,73(11):1253-1266.

[17] MINÁR J,EVANS I S.Elementary forms for land surface segmentation:the theoretical basis of terrain analysis and geomorphological mapping [J].Geomorphology,2008,95(3/4):236-259.

[18] JASIEWICZ J,STEPINSKI T F.Geomorphons:a pattern recognition approach to classification and mapping of landforms[J].Geomorphology,2013,182:147-156.

[19] ZHOU X R,LI W W,ARUNDEL S T.A spatio-contextual probabilistic model for extracting linear features in hilly terrains from high-resolution DEM data[J].International journal of geographical information science, 2019,33(4):666-686.

[20] CSATÁRINÉ SZABÓ Z,MIKITA T,NÉGYESI G,et al.Uncertainty and overfitting in fluvial landform classification using laser scanned data and machine learning:a comparison of pixel and object-based approaches[J]. Remote sensing,2020,12(21):3652.

[21] BRIGHAM C A P,CRIDER J G.A new metric for morphologic variability using landform shape classification via supervised machine learning[J]. Geomorphology,2022,399:108065.

[22] DRĂGUŢ L,SCHAUPPENLEHNER T,MUHAR A,et al.Optimization of scale and parametrization for terrain segmentation:an application to soil-landscape modeling[J].Computers & geosciences,2009,35(9):1875-1883.

[23] OJALA T,PIETIKAINEN M,MAENPAA T.Multiresolution gray-scale and rotation invariant texture classification with local binary patterns[J]. IEEE transactions on pattern analysis and machine intelligence,2002,24 (7):971-987.

[24] LIAO W H.Region description using extended local ternary patterns [C]//2010 20th International Conference on Pattern Recognition,August 23-26,2010,Istanbul,Turkey.IEEE,2010:1003-1006.

[25] PHINN S R,ROELFSEMA C M,MUMBY P J.Multi-scale,object-based image analysis for mapping geomorphic and ecological zones on coral reefs[J].International journal of remote sensing, 2012, 33 (12): 3768-3797.

[26] PEDERSEN G B M.Semi-automatic classification of glaciovolcanic landforms:an object-based mapping approach based on geomorphometry [J].Journal of volcanology and geothermal research,2016,311:29-40.

[27] NA J M,DING H,ZHAO W F,et al.Object-based large-scale terrain classification combined with segmentation optimization and terrain features:a case study in China[J].Transactions in GIS, 2021, 25 (6): 2939-2962.

［28］ PIPAUD I，LEHMKUHL F.Object-based delineation and classification of alluvial fans by application of mean-shift segmentation and support vector machines［J］.Geomorphology，2017，293：178-200.

［29］ KAZEMI GARAJEH M，LI Z L，HASANLU S，et al.Developing an integrated approach based on geographic object-based image analysis and convolutional neural network for volcanic and glacial landforms mapping ［J］.Scientific reports，2022，12：21396.

［30］ IRVIN B J，VENTURA S J，SLATER B K.Fuzzy and isodata classification of landform elements from digital terrain data in Pleasant Valley，Wisconsin［J］. Geoderma，1997，77（2/3/4）：137-154.

［31］ MACMILLAN R A，PETTAPIECE W W，NOLAN S C，et al.A generic procedure for automatically segmenting landforms into landform elements using DEMs，heuristic rules and fuzzy logic［J］.Fuzzy sets and systems，2000，113（1）：81-109.

［32］ SCHMIDT J，HEWITT A.Fuzzy land element classification from DTMs based on geometry and terrain position［J］.Geoderma，2004，121（3/4）： 243-256.

［33］ SOBOLEWSKA-MIKULSKA K，KRUPOWICZ W，SAJNÓG N.Methodology of validation of agricultural real properties in Poland with the use of geographic information system tools ［J］. International multidisciplinary scientific geoconference surveying geology and mining ecology management，2014，2（2）： 345-356.

第7章 基于地理空间人工智能的精细地形要素提取与识别方法

7.1 地理空间人工智能

7.1.1 地理空间人工智能简述

地理空间人工智能（geospatial artificial intelligence，GeoAI）的概念最早由易智瑞（ESRI）与微软提出，是将人工智能（AI）与地理空间数据、科学和技术融合应用，以解决地理空间分析与知识挖掘的各种任务。GeoAI任务主要包括两个分支[1]：

（1）通过深度学习提取丰富的地理空间数据，利用自动化的模型提取、分类和检测来自图像、视频、点云和文本等数据的信息。

（2）使用机器学习进行预测性分析，构建更准确的模型。使用专家支持的空间算法来检测集群，计算变化，找到模式和预测结果。

GeoAI深刻改变了数据转化为信息的方式，显著支撑了从复杂数据集中提取有效信息的准确度和速度，从不断增长的各种数据中揭示复杂模式和关系。目前，GeoAI在一些应用中体现出显著的优势[1]：

（1）提高数据质量、一致性和准确性。

（2）利用自动化的力量简化手动数据生成工作流程，提高效率并降低成本。

（3）加快数据感知和认知的效率。

（4）监测和分析来自传感器和视频等的事件和实体，以实现更快的响应时间和主动决策。

（5）将位置智能应用于决策。

7.1.2 GeoAI与地形要素提取

GeoAI作为一种新兴的地理空间分析模型，利用机器学习和先进计算的最新突破，实现了地理大数据的可扩展处理和智能分析[2-4]。三项技术进步为精细地形要素提取与识别提供了更为有效的方案。① 地球观测数据或遥感数据、传感器网、互联网和通信技术的快速发展以及空间基础设施平台的普及促进了地理空间大数据呈爆炸式增长，支持基于不同的尺度和细节研究地形要素。② 深度学习、大模型、生成人工智能（Generative AI）的发展，使得数据驱动的新研究范式成为地形要素提取与识别的主流方向，突破传统分析方法针对大规模地理空间数据进行分析、挖掘和可视化的难题，从而可以揭示复杂的隐藏模式并发现新知识。③ 计算资源的急剧增加为使用大数据训练 GeoAI 模型提供了强有力的支持，以构建大数据应用程序。

深度学习模型具有自动从数据中提取显著特征的能力，以帮助区分对象类别，从而可以做出准确的预测。这比传统的空间分析方法具有更大的优势，能够支持更好地了解数据中的基础模式。而且深度学习模型在学习过程中打破了传统神经网络模型全局计算中存在的许多相互依赖性，具有强大的预测能力。同时，模型结构更易于优化，并在高性能或分布式计算环境中进行训练。

语义知识为基于本体的 GeoAI 方法提供了动力。这些方法通过利用本体论和逻辑推理来解决空间认知问题，例如语义相似度测量。与数据驱动方法不同，本体论方法依赖于知识库，以〈主体，谓词，客体〉三元组的格式提供现实世界实体及其相互关系的语义定义。知识发现过程遵循预定义的推理规则和约束，并使用演绎推理来确保每个新派生的事实都可以通过其推理路径进行正式验证。尽管高度可解释，但该方法存在两个缺点：① 构建知识库的过程严重甚至完全依赖于专家知识和手工工作，导致难以扩展至非常深的结构来描述实体之间的复杂关系；② 本体对于复杂的人类逻辑的显式描述需要以机器可理解的方式实现，针对复杂人类知识的简化和抽象还难以完成。

当前，知识图谱的显著进展及其与机器学习的结合使得知识、本体、语义等的方法重新成为 GeoAI 研究的前沿。类似于本体论，知识图谱基于语义并旨在推导新知识和派生新见解。但是两者的区别在于本体论通常强调深度，而知识图谱则更倾向于广度。在这方面，本体论可以作为定义领域知识的语义结构的模式，而知识图谱将按照此模式使用数百万甚至数万亿个三元组来"实例化"知识库，以实现地理空间应用的扩展。

7.2　地形要素基准数据库

7.2.1　背景

在地貌学和地形分析领域中尚未提供关于地貌对象的大规模地面真实数据或基准高分辨率数字高程模型数据集。缺乏准备充分的训练数据集成为使用最先进的机器学习算法进行地貌对象识别的关键障碍。

7.2.2 构建流程

7.2.2.1 构建地形要素的空间-上下文模式

首先根据不同几何形态(点、线、面)的地表形态分类体系,结合地形要素的语义信息,剖析地形要素在不同尺度的坡向、平面曲率和剖面曲率的变化分布。然后综合点状、线状及面状地形要素的分类体系,分别提炼不同几何形态地形要素的空间分布规律与地理语义信息,形成针对不同地形要素的坡向和曲率联动组合规律。融合地理语义信息中关于地形要素的分类层次和属性信息,形成地表形态的层次语义信息。

基于高分辨率数字高程模型的像元粒度,研究坡向-曲率关联组合规律在精细尺度下的空间格局,形成像元级地形要素空间-上下文模式。组合地形要素的空间分布规律在高程、空间方位和空间关系三维维度的属性,形成地形要素的多维空间几何形态。最后耦合多维空间几何形态和层次语义信息,构建地形要素的空间-上下文模式。

根据地形要素与地形要素的语义描述,设计地形要素基准数据库的体系结构;基于高分辨率数字高程模型开展地形要素空间位置和属性类别的像元级标注,形成不同类别地形要素的样本像元;研究针对样本像元开展数据增强的技术,集成初始样本和数据增强样本,建立地形要素的基准数据库。

7.2.2.2 基于尺度金字塔的地形要素基准数字高程模型数据库构建

结合地形要素的分类体系与数字高程模型的数据结构,提出数字高程模型数据的基本地形因子:坡向、平面曲率及剖面曲率。根据 1 m、4 m 和 16 m 的 DEM,确定不同空间分辨率 DEM 下表征地形要素的坡向粒度、空间尺度和高程尺度,融合不同空间分辨率 DEM 的坡向、平面曲率和剖面曲率,形成 3 个层次的尺度金字塔结构。

根据地形要素的空间-上下文模式,结合尺度金字塔中较小尺度的坡向、平面曲率和剖面曲率,首先标注较低分辨率数字高程模型中的地形要素像元样本,建立较低分辨率的地形要素基准数据。基于 2 像元×2 像元窗口构建较小尺度与较大尺度之间的映射关系,将较低分辨率数字高程模型中的地形要素样本像元映射至较高分辨率的数字高程模型中,结合尺度金字塔中较大尺度的坡向、平面曲率和剖面曲率,精处理较高分辨率数字高程模型中的地形要素样本像元,剔除不符合要求的像元样本,形成较高分辨率的地形要素基准数据。最后,组合不同分辨率的地形要素基准数据,建立地形要素基准数字高程模型数据库。

7.2.3　标注数据样本

　　基于数字高程模型下的地形要素往往容易受到植被、人工地物等地理实体的影响,即便是经过过滤的数字高程模型在精细尺度下也难以完全移除非地形要素对象。研究区域主要选择荒漠区,地表植被和人工地物稀少,可以不受人工地物与植被等的影响,而且区域地形以山地和丘陵为主,地形起伏较大,山脊线和山谷线较为明显,便于山脊线和山谷线的标注。

　　研究数据集的初始数据为 LiDAR 数据,基于初始 LiDAR 数据分别生成 1 m、4 m、16 m 的数字高程模型、坡向图和曲率图。生成数字高程模型时,基于每个像元的区域,取其所包含的所有点的平均值作为该像元的值,并采用线性函数的填充方法,利用三角表征值的线性插值确定像元值。然后,基于数字高程模型生成坡向图与曲率图。由数字高程模型生成坡向图时,坡向由 0°到 360°之间的正度数表示,以北为基准坡向按顺时针进行表征,采用二次局部表面类型参数与自适应邻域方法,基于不同分辨率的数字高程模型生成不同分辨率的坡向图。由数字高程模型生成的曲率图为坡面曲率,即地形表面坡度坡向的曲率。

　　部分基准数据集如图 7-1 所示。

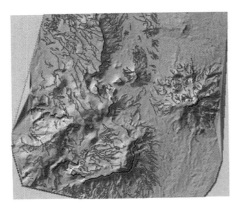 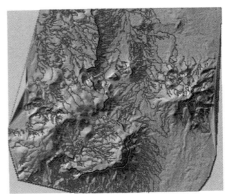

(a) 山脊线 -16 m　　　　　　　　　　　(b) 山谷线 -16 m

图 7-1　基准数据集示例(部分)

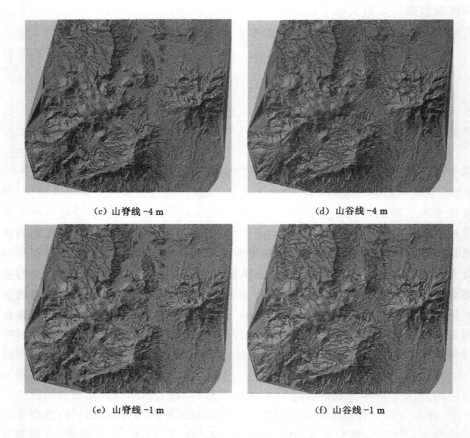

(c) 山脊线 -4 m   (d) 山谷线 -4 m

(e) 山脊线 -1 m   (f) 山谷线 -1 m

图 7-1 （续）

7.3 地形要素语义建模

7.3.1 背景

随着地球观测系统的快速发展,地形对象提取和地形对象语义建模已经成为有效利用海量数据进行地形要素分析的核心技术之一。需要基于现有本体的语义知识,通过集成地理知识和地形对象的特征开发一个综合性框架,语义化地建模每个地形对象的空间和非空间特征,并形式化地组织地形对象之间的关系,最终支持地形要素提取和识别方法的语义化表征,提高地形要素提取和识别方法的可解释性。

7.3.2 LiDAR 与地名数据集成

研究数据集包括 LiDAR 数据和来自地理名称信息系统（Geographical

Name Information System,GNIS)的地理信息。地理名称信息系统由美国地质调查局(U.S.Geological Survey,USGS)和美国地理名称委员会开发,存储有关美国地区当前和历史地形对象的信息。该数据库的地形信息结构包括官方名称、非官方拼写、唯一要素标识符、地形对象指定、类别、涉及州和县的不同类型位置、USGS 地形图、地理坐标等。可通过名词典(查找地点)搜索功能访问存储在地理名称信息系统数据库中的数据。此外,还可以访问地理名称数据图层、国家地图和 Web 地图及其相关服务。图 7-2 显示了 LiDAR 和地理名称信息系统提供的有关陨石坑信息的示例。

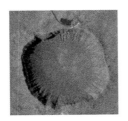 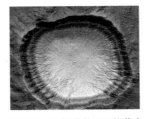 

(a) 高空间分辨率卫星图像场景　(b) LiDAR 提供的陨石坑信息　　(c) 地理名称信息系统 (GNIS)
　　　　　　　　　　　　　　　　　　　　　　　　　　　　　　　提供的陨石坑信息

图 7-2　LiDAR 和地理名称信息系统提供的有关陨石坑信息的示例

7.3.3　语义建模流程

7.3.3.1　语义扩展

地形对象的初始语义源于美国地质调查局的地理信息科学卓越中心(Center for Environmental and Geographic Information Services,CEGIS)建立的命名为 USTopographic 的本体模型。

USTopographic 定义了地形对象的分类,地理语义和本体中的地形特征词汇包括 6 个类别:事件、分区、建筑区、生态区域、地表水和地形。USTopographic 中的地形词汇分类仅包含地形对象的定义和这些定义之间的形式关系。因此,需要借助地理名称信息系统获取地形对象的空间参考信息,例如坐标、空间位置和地形对象的属性,包括变体名称、行政区划等。然而,地理名称信息系统尚未像 USTopographic 一样被语义化组织为知识参考。因此,我们将这两个系统集成在一起以弥补每个平台的限制。

基于 USTopographic 开发一个新的本体模型,集成来自地理名称信息系统的信息。新本体由 3 个主要部分组成:USTopographic、来自地理名称信息系统的信息和地形对象提取的结果。USTopographic 使用在本体中定义的类、属性和个体来组织和定义地形特征词汇的 6 个类别。从地理名称信息系统中提取的信息包括要素详细信息、变体名称、地理名称委员会决定、县和坐标。所建立的本体中,变体名称和地理名称委员会决定中的项使用注释属性定义,要素详细信息、县和坐标中的项使用对象属性和数据属性定义。提取的地形特征的语义通过资源描述框架(resource description framework,RDF)的三元组基于对象属性和数据属性进行形式化建模。

7.3.3.2　语义建模

从地形对象提取到语义建模的过程包括 3 个步骤(图 7-3)。

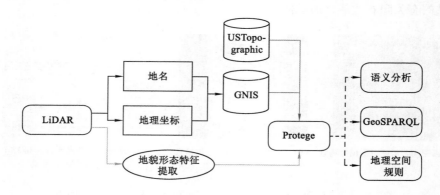

图 7-3　建模地形特征语义的工作流程

步骤 1:如果 LiDAR 数据集中包含地理名称和地理坐标,将地理名称和地理坐标输入地理名称信息系统进行要素查询,检索空间参考和属性信息。

步骤 2:将 LiDAR 数据所提取的地形对象的属性和结果组织为包括多边形、折线或点的 shapefile 文件。然后,创建类、个体和属性,对在地理空间信息系统中提取的每个地形对象基于类、个体和属性进行语义显示组织,并将提取的地形对象的语义信息与现有的 USTopographic 结构集成。

步骤 3:基于开放地理空间联盟(Open Geospatial Consortium,OGC)定义的 GeoSPARQL 标准,构建一个语义查询平台,用于地形领域的语义分析,以及基于提取结果创建一组规则的语义推理机制。

7.3.4　基于语义的知识图谱样本

以 Meteor Crater 为例,USTopographic 仅为 Meteor Crater 提供了参考分类和类-子类关系的信息。通过添加地理名称信息系统定义的 Meteor Crater 信息,扩展 Meteor Crater 的语义内容。同时,语义化地定义从 LiDAR 提取中得出的 Meteor Crater 的特征和几何信息。图 7-4 展示了我们为 Meteor Crater 开发的本体结构的示例。

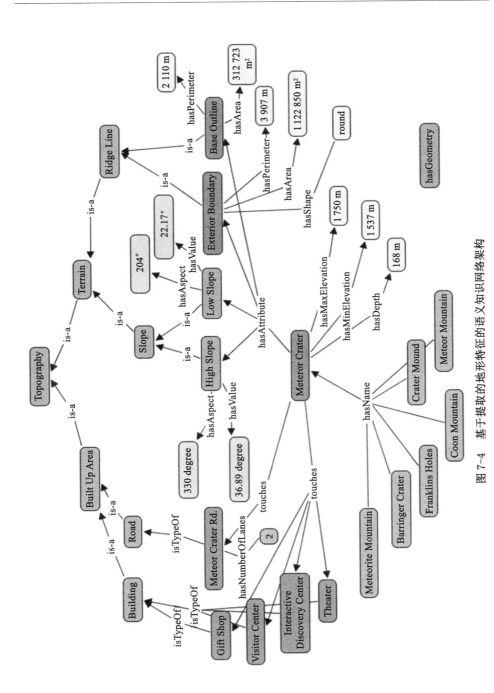

图 7-4　基于提取的地形特征的语义知识网络架构

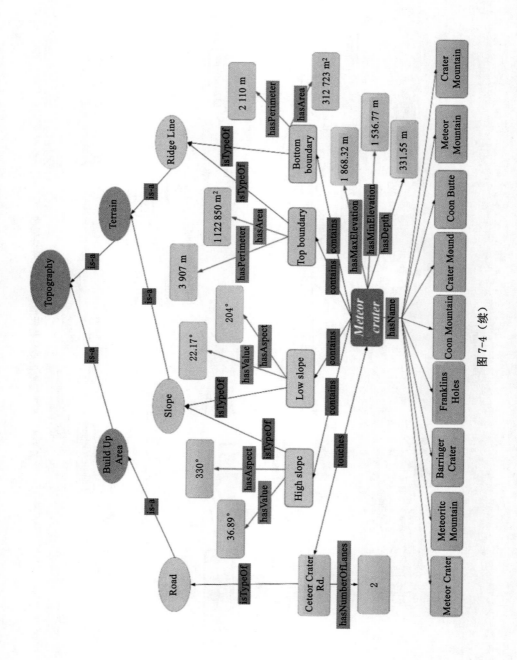

图 7-4（续）

在图 7-4 中,基于提取结果(道路、建筑物和陨石坑),构建了一个以陨石坑为中心的知识网络。首先,根据 USTopographic 本体的定义和地理名称信息系统的内容,分别创建包含各类型元素的结构。提取的特征被结构化为一个包含不同元素的网络。然后,根据 USTopographic 本体的分类体系,将从地理名称信息系统和提取结果中得出的结构进行整合。从属性"hasAttribute"、"hasMaxElevation"、"hasMinElevation"和"hasDepth"发起的分层树对 Meteor Crater 的几何特征进行了语义建模。从属性"touches"发起的分层树最初定义了陨石坑及其周围地理对象之间的拓扑关系,这些关系源自所提出的提取方法和地理名称信息系统。

除了形式化建模以构建有关 Meteor Crater 地形特征的知识网络之外,另一个挑战是语义化地表示地形特征的几何信息(空间属性)。使用 GeoSPARQL 来分别组织多边形、折线和点的空间属性。如图 7-4 所示,Meteor Crater 的空间语义由"hasArea"、"hasPerimeter"和"hasGeometry"定义。"hasArea"和"hasPerimeter"的值来自提取结果,而"hasGeometry"的结果来自通过导入 Meteor Crater 的 shapefile 从 GeoSPARQL 获得的结果。

图 7-5 显示了通过 Protégé 软件建立的语义模型的屏幕截图。基于 USTopographic 定义的类层次结构,扩展了本体的架构,包括个体、对象属性和数据属性,语义化地定义了 Meteor Crater 的空间信息(几何信息)。这些空间信息由此三元组组成:Exterior_boundary-hasGeometry-MULTIPOLYGON(((,,＊＊＊)))。

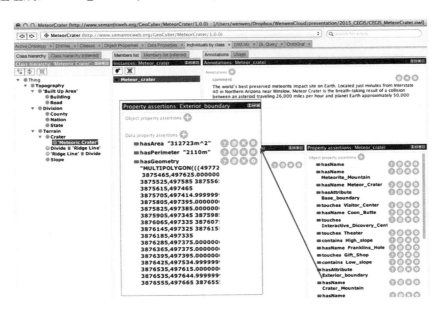

图 7-5　地形对象几何语义建模的屏幕截图

7.4 基于机器学习的地形要素提取与识别对比

7.4.1 经典机器学习模型

7.4.1.1 朴素贝叶斯

朴素贝叶斯(Naive Bayes,NB)是一种基于贝叶斯定理和特征条件独立假设的分类方法,算法简单,对缺失数据不敏感,对小规模的数据表现良好。该分类方法的核心,即贝叶斯定理,如下所示:

$$P(y \mid x_1,\cdots,x_n) = \frac{P(y)P(x_1,\cdots,x_n \mid y)}{P(x_1,\cdots,x_n)} \qquad (7\text{-}1)$$

式中:y 表示样本像元的类别(即山脊线或山谷线);$x_1,\cdots,x_n$ 表示特征向量,在此分别为目标像元以及邻域像元的高程值、曲率值、坡向值;$P(y)$ 是先验概率,即在没有观察到目标像元以及邻域像元的高程值、曲率值、坡向值为 $x_1,\cdots,x_n$ 前,样本像元的类别为 y 的概率;$P(y \mid x_1,\cdots,x_n)$ 是后验概率,即在观察到目标像元以及邻域像元的高程值、曲率值、坡向值为 $x_1,\cdots,x_n$ 后,样本像元的类别为 y 的概率;$P(x_1,\cdots,x_n \mid y)$ 是条件概率,即在已知样本像元的类别为 y 的情况下,目标像元以及邻域像元的高程值、曲率值、坡向值为 $x_1,\cdots,x_n$ 的概率;$P(x_1,\cdots,x_n)$ 是边缘概率,即目标像元以及邻域像元的高程值、曲率值、坡向值为 $x_1,\cdots,x_n$ 的概率。

7.4.1.2 决策树

决策树(Decision Tree,DT)是一种基于条件判断的树形结构算法,可用于分类(或回归)任务,易于解释和理解,对数据的预处理要求低,具有鲁棒性和容错性。通过学习数据特征,在此即目标像元的高程值、曲率值、坡向值以及邻域像元的高程值、曲率值、坡向值,构建二叉树,从根节点开始逐步分裂数据,其中每一个内部节点是对一个特征的条件判断,每一个分支表示条件判断的结果,每一个叶节点表示最终的分类结果。

其中,使用基尼系数作为特征的判断标准,基尼系数越小,表示数据集的不确定性越低,特征越好。

$$\text{Gini}(D) = 1 - \sum_{k=1}^{K} \left(\frac{\mid C_k \mid}{\mid D \mid} \right)^2 \qquad (7\text{-}2)$$

式中:D 是数据集;K 是类别个数(在此为 2);C_k 是第 k 个类别的样本数。

图 7-6 是决策树示例。

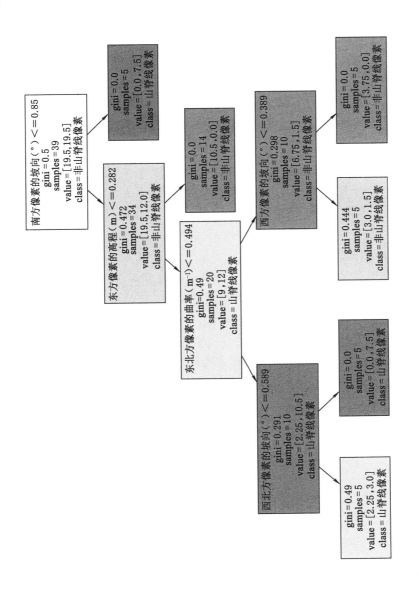

图 7-6　决策树示例图

7.4.1.3 支持向量机

支持向量机（Support Vector Machine,SVM）是一种广泛应用于分类和回归问题的监督学习算法,可以解决高维、小样本和非线性的问题,具有良好的鲁棒性。

由于样本点不是线性可分的,因此使用核函数（Kernel Functions）来将数据映射到高维空间,使其在特征空间中变得线性可分。本书用到的核函数为 RBF（Radial Basis Function）核函数,其数学表达式如下：

$$K(x,x') = \exp\left(\frac{-\parallel x-x'\parallel^{2}}{2\sigma^{2}}\right) \tag{7-3}$$

式中：x 和 x' 是输入样本；$|x-x'|$ 是它们之间的欧氏距离；σ 是控制 RBF 核函数宽度的参数。

预测函数为：

$$f(x) = \sum_{i=1}^{n}\alpha_{i}y_{i}K(x_{i},x) + b \tag{7-4}$$

式中：$\alpha_{i} > 0$ 的数据点为支持向量；b 可以通过任意一个支持向量来求解：

$$b = y_{j} - \sum_{i=1}^{n}\alpha_{i}y_{i}K(x_{i},x_{j}), \ j:\alpha_{j} > 0 \tag{7-5}$$

7.4.1.4 随机森林

随机森林（Random Forest,RF）是一种集成学习方法,可以解决分类（或回归）问题,可以处理高维数据,可以评估特征重要性,可以抵抗过拟合和噪声。在处理分类问题时,利用多个决策树来构成一个分类器,每个决策树都会随机选择一部分样本和特征来训练,最终的分类结果是由多数决策树的投票决定的。图 7-7 是基于随机森林的地形要素分类原理。

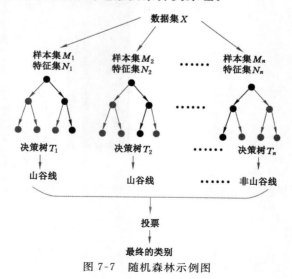

图 7-7 随机森林示例图

7.4.1.5　多层感知器

多层感知器（Multilayer Perceptron，MP）是一种常用的人工神经网络模型，可以解决分类（或回归）问题。它由输入层、输出层和一个或多个隐藏层（这里为 2 层，每层都有 95 个神经元）组成，每一层都有多个神经元。输入层接收外部的数据，输出层给出分类的结果，隐藏层对输入数据进行非线性变换和特征提取。

多层感知器的工作原理是前向传播，如下：

$$z_j^l = \sum_{k=1}^{n(l-1)} w_{jk}^l a_k^{l-1} + b_j^l \tag{7-6}$$

$$a_j^l = f(z_j^l) \tag{7-7}$$

式（7-6）、式（7-7）中：z_j^l 表示第 l 层第 j 个神经元的输入；w_{jk}^l 表示第 l 层第 j 个神经元与第（$l-1$）层第 k 个神经元之间的权重；a_k^{l-1} 表示第（$l-1$）层第 k 个神经元的输出；b_j^l 表示第 l 层第 j 个神经元的偏置项；$f(\cdot)$ 表示激活函数，公式如下：

$$f(x) = \frac{e^x - e^{-x}}{e^x + e^{-x}} \tag{7-8}$$

多层感知器的训练是通过反向传播算法来更新权重和偏置项的。反向传播如下：

对于第 l 层的第 j 个神经元，设损失函数为 L，则其梯度计算如下：

$$\delta_j^L = \frac{\partial L}{\partial z_j^L} \tag{7-9}$$

$$\delta_j^l = \left(\sum_{k=1}^{n(l+1)} w_{kj}^{l+1} \delta_k^{l+1}\right) \cdot f'(z_j^l) \tag{7-10}$$

式（7-9）、式（7-10）中：δ_j^L 表示输出层的误差项；z_j^L 表示输出层的参数值；δ_j^l 表示第 l 层第 j 个神经元的误差项；z_j^l 表示第 l 层第 j 个神经元的参数值；w_{kj}^{l+1} 表示第（$l+1$）层第 k 个神经元与第 l 层第 j 个神经元之间的权重；$f'(\cdot)$ 表示激活函数的导数。

7.4.2　结果

为了避免数据不均匀的影响，实验所采用的精度为宏精（Macro-Precision），召回率为宏召回率（Macro-Recall），计算公式如下所示：

$$\text{Precision} = \frac{\text{TP}}{\text{TP} + \text{FP}} \tag{7-11}$$

$$\text{Macro-Precision} = \frac{1}{n} \sum_{i=1}^{n} \text{Precision}_i \tag{7-12}$$

$$\text{Recall} = \frac{\text{TP}}{\text{TP} + \text{FN}} \tag{7-13}$$

$$\text{Macro-Recall} = \frac{1}{n} \sum\nolimits_{i=1}^{n} \text{Recall}_i \tag{7-14}$$

式(7-11)~式(7-14)中：TP 是真正例，即预测值和真实值均为正例；FP 是假正例，即预测值为正例，真实值为负例；FN 是假负例，即预测值为负例，真实值为正例；n 是类别数，其值为 2；Precision_i 是第 i 个类别的精确率；Recall_i 是第 i 个类别的召回率；$i=1$ 表示类别为非山谷线（或非山脊线），$i=2$ 表示类别为山谷线（或山脊线）。

　　基于 5 种经典机器学习模型，在 3 种不同的训练样本与测试样本的比值下进行不同分辨率下的山谷线与山脊线提取，实验结果如表 7-1～表 7-6 所示。

表 7-1　16 m 分辨率下不同机器学习方法的山谷线提取对比

训练样本与测试样本的比值		朴素贝叶斯	决策树	支持向量机	随机森林	多层感知器
7∶3	精度	0.596 6	0.660 8	0.657 9	0.728 3	**0.735 2**
	召回率	0.616 2	0.675 1	0.689 0	**0.767 7**	0.690 5
5∶5	精度	0.599 2	0.654 3	0.656 2	0.722 4	**0.735 3**
	召回率	0.619 7	0.670 1	0.687 9	**0.761 8**	0.689 0
3∶7	精度	0.597 0	0.642 2	0.650 5	0.713 9	**0.726 5**
	召回率	0.616 6	0.657 0	0.681 8	**0.751 6**	0.690 6

表 7-2　4 m 分辨率下不同机器学习方法的山谷线提取对比

训练样本与测试样本的比值		朴素贝叶斯	决策树	支持向量机	随机森林	多层感知器
7∶3	精度	0.571 0	0.650 7	0.627 5	0.646 3	**0.763 6**
	召回率	0.683 0	0.731 4	0.797 3	**0.857 7**	0.661 0
5∶5	精度	0.571 3	0.645 9	0.625 0	0.647 4	**0.749 9**
	召回率	0.683 0	0.727 6	0.794 4	**0.854 5**	0.681 5
3∶7	精度	0.571 0	0.641 3	0.624 0	0.644 1	**0.746 2**
	召回率	0.683 0	0.720 6	0.790 7	**0.850 8**	0.677 4

表 7-3　1 m 分辨率下不同机器学习方法的山谷线提取对比

训练样本与测试样本的比值		朴素贝叶斯	决策树	支持向量机	随机森林	多层感知器
7：3	精度	0.506 5	**0.535 1**	0.522 6	0.522 9	0.523 0
	召回率	0.639 9	0.573 4	0.776 9	0.798 9	**0.800 8**
5：5	精度	0.506 4	**0.534 8**	0.522 7	0.522 2	0.522 3
	召回率	0.640 2	0.572 2	0.776 6	0.792 3	**0.793 0**
3：7	精度	0.506 5	**0.533 1**	0.522 4	0.522 2	0.522 5
	召回率	0.640 4	0.569 9	0.769 9	0.789 3	**0.791 9**

表 7-4　16 m 分辨率下不同机器学习方法的山脊线提取对比

训练样本与测试样本的比值		朴素贝叶斯	决策树	支持向量机	随机森林	多层感知器
7：3	精度	0.552 9	0.586 6	0.587 4	0.642 4	**0.642 8**
	召回率	0.591 5	0.618 8	0.646 8	0.734 9	**0.735 2**
5：5	精度	0.549 4	0.587 1	0.585 9	**0.638 1**	0.638 0
	召回率	0.584 5	0.578 9	0.643 0	0.726 1	**0.726 6**
3：7	精度	0.547 8	0.578 9	0.582 5	**0.631 6**	0.631 5
	召回率	0.581 8	0.607 5	0.635 9	0.717 2	**0.717 4**

表 7-5　4 m 分辨率下不同机器学习方法的山脊线提取对比

训练样本与测试样本的比值		朴素贝叶斯	决策树	支持向量机	随机森林	多层感知器
7：3	精度	0.526 1	**0.591 3**	0.566 6	0.577 8	0.577 3
	召回率	0.639 2	0.661 5	0.759 9	**0.831 3**	0.830 7
5：5	精度	0.527 0	**0.586 6**	0.567 0	0.575 9	0.576 0
	召回率	0.641 9	0.654 7	0.758 8	**0.823 9**	0.823 2
3：7	精度	0.526 8	**0.579 7**	0.566 9	0.572 3	0.572 6
	召回率	0.641 3	0.643 3	0.754 6	0.814 7	**0.815 3**

表 7-6　1 m 分辨率下不同机器学习方法的山脊线提取对比

训练样本与测试样本的比值		朴素贝叶斯	决策树	支持向量机	随机森林	多层感知器
7∶3	精度	0.537 2	0.599 1	0.562 6	0.564 2	**0.747 3**
	召回率	0.740 4	0.674 5	0.865 0	**0.884 0**	0.542 6
5∶5	精度	0.538 0	0.599 0	0.562 6	0.564 5	**0.755 4**
	召回率	0.743 2	0.675 3	0.865 4	**0.886 3**	0.539 3
3∶7	精度	0.537 4	0.597 6	0.561 6	0.564 0	**0.721 8**
	召回率	0.741 8	0.671 2	0.861 4	**0.884 0**	0.574 9

总体而言,随机森林和多层感知器方法表现最佳,决策树和支持向量机方法次之,朴素贝叶斯方法最差。在同模型、同分辨率、同训练样本与测试样本量下,识别山谷线的精度比识别山脊线的精度平均高 5.85%,识别山谷线的召回率比识别山脊线的召回率平均高 6.00%。5 种模型在一定分辨率下,精度和召回率随训练样本与测试样本的比例变化较小,可以忽略不计,说明训练样本已经饱和。随着分辨率的提高,5 种方法识别山谷线和山脊线的精度有下降趋势(多层感知器识别山谷线的精度、决策树识别山脊线的精度除外),5 种方法识别山谷线和山脊线的召回率上升(多层感知器识别山谷线的召回率除外)。

基于 1 m 分辨率数据:在 7∶3、5∶5 和 3∶7 的训练样本与测试样本数据组合下,5 种方法对于山谷线的提取精度居于 50% 到 54% 之间;对于山脊线提取的 5 种方法中,朴素贝叶斯算法的精度居于 53% 到 54% 之间,决策树、支持向量机、随机森林这 3 种方法的精度居于 56% 到 60% 之间,多层感知器方法的精度居于 72% 到 76% 之间,其中多层感知器方法的精度在 5∶5 的情况下最高,达到了 75.54%。

基于 4 m 分辨率数据:在 7∶3、5∶5 和 3∶7 的情况下,对于山脊线的提取,5 种方法中朴素贝叶斯方法的精度居于 52% 到 53% 之间,另外 4 种方法的精度居于 56% 到 60% 之间,其中决策树方法的精度在 7∶3 的情况下最高,达到了59.13%;对于山谷线提取的 5 种方法中,朴素贝叶斯方法的精度居于 57% 到58% 之间,决策树、支持向量机、随机森林这 3 种方法的精度居于 62% 到 66% 之间,多层感知器方法的精度居于 74% 到 77% 之间,其中多层感知器方法的精度在 7∶3 的情况下最高,达到了 76.36%。

基于 16 m 分辨率数据:在 7∶3、5∶5 和 3∶7 的情况下,对于山脊线的提取，5 种方法中朴素贝叶斯方法的精度居于 54％到 56％之间，决策树和支持向量机方法的精度居于 57％到 59％之间，随机森林和多层感知器方法的精度居于 63％到 65％之间，其中多层感知器方法的精度在 7∶3 的情况下最高，达到了 64.28％；对于山谷线提取的 5 种方法中，朴素贝叶斯方法的精度居于 59％到 60％之间，决策树和支持向量机方法的精度居于 64％到 67％之间，随机森林和多层感知器方法的精度居于 71％到 74％之间，其中多层感知器方法的精度在 5∶5 的情况下最高，达到了 73.53％。

7.5　基于语义词袋模型的地形要素提取与识别

7.5.1　地形要素语义

尽管地形要素在描述地表主要结构时具有重要作用，但仅凭点或线性地形要素无法精确地描述区域性的地貌结构（例如陨石坑、圈谷等）。

第一个难点源于从数字高程模型数据集中导出的点和线性地貌参数与地貌对象整体结构之间的异质性。即，不同形状内的地貌参数不足以代表一般由多个片段组成的、具有有意义组织的地貌单元，需要利用地貌语义来促进从高分辨率数字高程模型中识别地貌对象。

此外，地形要素包含许多基于区域的地貌特征，例如形状、纹理、上下文等，需要通过整合点和线性地形要素、基于区域的特征（例如形状、纹理）和高级地貌描述，实现自动地形要素识别。

综上所述，仅凭地形要素无法有效地处理地貌对象的表示。例如，陨石坑由几个包括山脊和凹陷的地形要素组成，但陨石坑的山脊和凹陷无法代表陨石坑的特征。陨石坑的山脊和凹陷接近圆形，这是区域级参数。因此，对该陨石坑对象的识别不仅需要从高分辨率数字高程模型中检测山脊和凹陷，还需要确定它们的形状是否接近圆形。

7.5.2　从 BoW 到 BoVW 到 BoGW

词袋模型（Bag of Words，BoW）是一种应用机器学习技术发现文本信息主题的模型，广泛用于自然语言处理和信息检索。在该模型中，"Bag"指的是包含多个单词的文档。不考虑单词在句子中的顺序，将袋中每个单词的频率用作确定该袋（文档）主题的特征。BoW 通常包括两个步骤：从文档中设计一个词汇表，然后创建一个特征向量（或语义矩阵）来表示文档。此外，还采取了其他操作来管理词汇,例如散列单词、n-gram、停用词和词频-逆文档频率(TF-IDF)。

BoW 的思想吸引了图像处理和模式分析研究的关注。图像场景和对象通常包含多个有意义的元素。因此,基于 BoW 的范围,提出了一种名为视觉单词袋(Bag of Visual Words,BoVW)的模型,通过局部视觉特征来表示图像场景和对象的构成。BoVW 中的"Bag"指图像,而"Visual Words"指的是语义上分组的局部特征(例如尺度不变特征变换 SIFT)。BoVW 通常包括 3 个步骤:通过稳健的特征描述符检测特征,生成一个编码器以组织检测到的特征,并通过生成学习模型或判别学习模型用编码器对图像进行分类。此编码器中的"代码"指的是由特征描述符导出的结果,类似于文档中的单词。

尽管 BoW 和 BoVW 在近年来已被应用于许多应用程序中,但 BoW 和 BoVW 的思想尚未应用于地形分析。BoW 和 BoVW 的思想是将对象分解为多个部分,更容易被识别,受此启发设计了一个模型以利用 BoVW 在基于高分辨率数字高程模型的地貌识别中的优势。

7.5.3 地貌词袋模型

参考 BoW 和 BoVW 的工作流程,地貌词袋模型(Bag of Geomorphological Words,BoGW)的架构如图 7-8 所示,包括 4 个部分[5]:

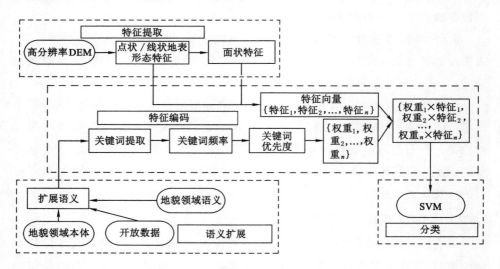

图 7-8 BoGW 模型框架

(1)语义扩展。从开放的链接数据源中丰富地貌的语义。

（2）特征生成。创建一个包含地形要素和区域级特征的特征向量。

（3）编码器生成。生成一个编码器,将地形要素和区域级特征(定量参数)以及地貌的语义权重(定性参数)融合在一起。

（4）分类。基于编码器的输出将每个对象分类到预定义的类别中。在BoGW 中,"Geomorphological Words"指的是地形要素和区域特征,包括形状、纹理等。"Bag"指的是地形要素和区域特征的集群。

特征表示主要创建一个包含地形要素和区域特征的特征向量,对应于高度变化、高度梯度、坡度坡向等:$\{特征_1, 特征_2, \cdots, 特征_n\}$,其中 n 是特征数量。

编码器生成旨在从现有分类法中提取每个地形类别的语义,并通过外部开放数据源(例如维基百科和在线词典)进行语义扩展,然后从丰富的语义中提取关键字来明确地描述地形类别。此外,由于每个关键字在描述地貌类别方面的重要性不同,通过潜在语义分析(LSA)创建一个加权向量——$\{权重_1,$权重$_2, \cdots, 权重_n\}$来定量权衡每个关键字的优先级。最后,将特征向量和加权向量组合成一个新的加权特征向量——$\{权重_1 \times 特征_1, 权重_2 \times 特征_2, \cdots \cdots,$权重$_n \times 特征_n\}$。将加权特征向量用作基于支持向量机(SVM)的分类的输入特征。

语义扩展主要将现有地貌领域本体、地形分类法和开放链接数据源(例如志愿地理信息、维基百科等)中得到的信息集成起来。现有的地形本体和分类法可能包含有限的语义信息。因此,设计了这一步骤来语义扩展内容。

7.5.3.1　特征生成

（1）地形要素提取。采用基于坡向和曲率的空间-上下文方法[6]来检测地形要素。该方法能够从高分辨率和低分辨率数字高程模型中检测地形要素。

图 7-9 说明了此方法的原理。在图 7-9 中,中心方格表示数字高程模型中的像元(CP),需要确定它是否属于地形要素。中心方格上下两侧是其相邻像元(AP),而其他方格是其邻近像元(NP)距离多个距离单位的像元。其中 d 和 i 分别表示距离和坡向索引。该空间-上下文方法表征了在多个距离单位内,中心像元(CP)与其邻近像元(NP)在每个坡向轴上的坡向差异和高程差异,以及其中一个相邻像元(AP)与此 AP 的邻近像元(NP)在每个坡向轴上的坡向差异和高程差异。坡向集包括东西坡向轴、南北坡向轴、东北-西南坡向轴和西北-东南坡向轴。然后,将坡向差异和高程差异的结果融合起来,以确定此中心像元是否属于预定义的地形要素。

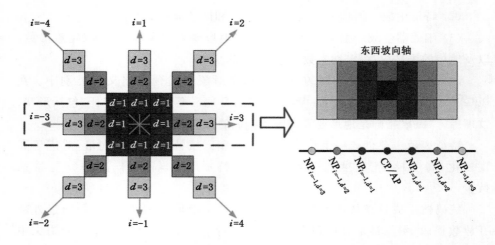

图 7-9　特征生成方法原理：基于坡向和曲率的空间-上下文方法[7]

（2）区域特征检测。区域特征提取的方法概述如下：

①　矩用于表征高程变化，包括一阶原始矩（均值）、二阶中心矩（方差或标准差）、三阶中心矩（偏度）和四阶中心矩（峰度）。这 4 个矩的表达式如下所示：

$$
\begin{cases}
\text{mean} = \sum_{k=1}^{N} V_k / N \\[2mm]
\text{std\_dev} = \sqrt{\dfrac{1}{N} \sum_{k=1}^{N} (V_k - \text{mean})^2} \\[2mm]
\text{skew} = \text{mean}^3 / \text{std-dev}^3 \\[2mm]
\text{kurt} = \text{mean}^4 / \text{std\_dev}^4
\end{cases}
\tag{7-15}
$$

式中：V 表示 DEM 中像元的高程；N 是整个 DEM 或 DEM 的局部区域中像元的数量。

②　坡度表示地表在竖直和水平维度上的陡峭程度。曲率代表坡度的"斜率"。剖面曲率描述了坡度在竖直维度上的凸起和凹陷，平面曲率描述了坡度在水平维度上的凸起和凹陷。

③　局部三值模式。根据梯度直方图（histgram of gradient，HOG）计算每个像元的坡向。与计算机视觉中表征强度梯度的局部三值模式[8]不同，本书基于高程梯度计算局部三值模式。假设一个像元的坡向由向量$[d_1, d_2, d_3, d_4, d_5, d_6, d_7, d_8]$表示，其中 $d_1 \sim d_8$ 分别指中心像元和 8 个坡向上的邻近像元之间的差异，如果中心像元比其邻近像元低、相似或高，d_* 的值将分别被赋为 1、0 和 −1。

局部三值模式生成的模式可以提供更多细节。在图 7-10 中,如果两个像元分别属于山顶和悬崖,由于这两个像元的坡向相同,都是 315°,这意味着仅凭坡向无法区分它们之间的差异。但是,这两个像元的局部三值模式[图 7-10(a$_2$)、(b$_2$)]是不同的,分别为[-1,-1,-1,-1,-1,-1,-1,-1]和[-1,0,1,1,1,0,-1,-1]。

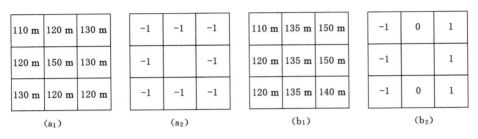

图 7-10　局部三值模式计算结果示例[5]

④ 霍夫圆变换(Hough Circle Transform)。霍夫圆变换的重点是确定地形要素提取结果中是否存在圆形。该特征有助于检测圆形地貌,如陨石坑、火山坑等。通过定义最小和最大半径,霍夫圆变换支持识别所有可能的圆。

⑤ 轮廓逼近。轮廓逼近旨在从地形要素提取结果中检测矩形形状。矩形地貌可以在由侵蚀和沉积形成的地表上看到,例如峡谷、喀斯特地貌等。

综上所述,特征向量的结构如下所示:

$$F_y = [f_{D_{mom}}, f_{D_{ltp}}, f_{D_{shp}}, f_{D_{slp}}, f_{D_{curv}}], y \in \Upsilon \tag{7-16}$$

式中:y 是地形类别的索引;$f_{D_{mom}}$ 是包含 4 种矩的矩特征:$\dim(f_{D_{mom}}) = 4$;$f_{D_{ltp}}$ 是 LTP 模式特征图,其中包含每个像元在 8 个坡向上的 LTP:$\dim(f_{D_{ltp}}) = 1$;$f_{D_{shp}}$ 是霍夫变换和轮廓逼近的二进制结果,如果可以检测到圆形或矩形形状,则 $f_{D_{shp}}$ 为 1,否则为 0;$f_{D_{slp}}$ 和 $f_{D_{curv}}$ 分别是基于坡度和平均曲率的结果。

7.5.3.2　编码器生成

实际上,方程(7-16)中特征向量中的所有项目并非都有助于识别特定的地形类别。先前的研究证明,机器学习在分类中的性能严重依赖于稀疏特征有助于数据表示。因此,编码器生成的目的是选择适合表示每个地形类别的稀疏特征。图 7-11 展示了编码器生成的工作流程,包括 4 个步骤:从本体和开放式外部数据资源中选择关键词;过滤不相关的关键词;通过潜在语义分析收集关键词;为每个关键词分配优先级。

(1)通过本体和开放式数据资源选择关键词

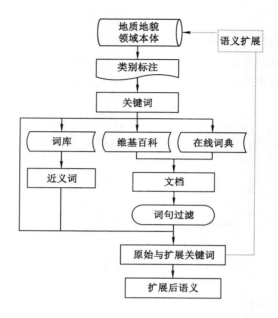

图 7-11　编码器生成的工作流程[7]

　　人们通常根据高层次的明确描述来定义和分类地貌,而不是基于数字高程模型导出的像元级特征或线性特征。当前,定义地貌特征的领域概念已经在本体、分类系统和开放式链接资源中提出,例如地貌本体、地质本体、水文地质本体和地形本体。

　　然而,本体和分类系统中对象、特征、事件和现象的正式定义总是限于给定时期内的特定背景。因此,除了地形领域本体中的语义信息外,还尝试从 3 个外部开放式链接资源[在线词典(Dictionary 和 Merriam-Webster)、维基百科和同义词词库]中扩展语义信息的范围和数量。维基百科是一个由世界各地的志愿者创建和编辑、由维基媒体基金会托管的免费在线百科全书。维基百科的信息已经被应用于许多领域。与其他资源的信息相比,维基百科中定义和介绍的来源都有标签。而且,这些来源通常为教育材料、同行评审的文献和书籍。这使得维基百科中存储的信息比其他志愿者提供的信息更为可靠。

　　首先,从领域本体和分类法中的每个地貌类别的注释和定义中提取关键词(单词和短语)。关键词不能选择表达随时间变化的动态行为的类别,例如不选择"由陨石撞击引起"的句子和"由爆炸引起"的句子作为关键词,因为在数字高程模型中无法识别。具体来说,在此处去除介词、定冠词、不定冠词。

　　然后,将从领域本体和分类法中派生的关键词用于从在线词典和维基百科中收集包含这些关键词的所有句子。还可以通过查询同义词词库中每个关键词的同义词来扩展关键词的语库。同义词词库的同义词在先前的案例中已经被使用,例如信息查询和信息检索。本方法按相关性对派生关键词进行排名,并删除排名结果较低的同义词。

　　具体示例如表 7-7 所示。

表 7-7　关键词选择示例[7]

Sentences collected from Dictionary based on the keywords
1. the cup-shaped depression or cavity on the surface of the earth or other heavenly body marking the orifice of a volcano.
2. Also called impact crater, meteorite crater (on the surface of the earth, moon, etc.), a bowl-shaped depression with a raised rim, formed by the impact of a meteoroid.
3. (on the surface of the moon) a circular or almost circular area having a depressed floor, almost always containing a central mountain and usually completely enclosed by walls that are often higher than those of a walled plain; ring formation; ring.
4. impact crater is a depression in the ground believed to have been caused by a meteorite.
5. the bowllike orifice of a geyser
6. the hole or pit in the ground.

Keywords extracted from above sentences
1. impact crater, impact of a meteoroid;
2. meteorite crater, meteorite;
3. cup-shaped, bowl-shaped, circular area, almost circular area, bowllike;
4. depression, cavity, depression with a raised rim, depressed floor, hole, central mountain completely enclosed by walls higher than a walled plain, central mountain completely enclosed by ring formation, ring formation, ring;
5. surface of the earth, in the ground, on the surface of the moon;
6. surface of other heavenly body marking the orifice of a volcano;
7. orifice of a geyser;
8. hole, pit.

　　(2) 基于关键词的文本后处理和过滤

　　从本体、在线词典和维基百科中提取的关键词可能包含前缀和后缀,例如 multi-、semi-、-based、-shaped、-driven、-like 等。将 n-gram 定义为前缀或后缀连接的单词。例如,bowllike 被定义为一个关键词:bowl。此外,对于其他包含多个单词但没有前缀和后缀的 n-gram,将此类 n-gram 分为两个单词。例如, shock-metamorphic effects 被定义为两个关键词:shock effects 和 metamorphic effects。

除了后缀、前缀和 n-gram 之外,某些关键词中包含的内容可能对基于 LiDAR 的地貌识别没有意义。例如:新旧地形要素,描述特定地点与时间的词,描述无法视觉识别的现象的词,等等。

（3）加权特征向量生成

对文本后处理和过滤访问结果中每个关键词的频率进行统计。关键词的频率被组织成一个加权向量,如下式所示:

$$W_y = [w_{D_{\text{mom}}}, w_{D_{\text{ltp}}}, w_{D_{\text{shp}}}, w_{D_{\text{slp}}}, w_{D_{\text{curv}}}], y \in \Upsilon \tag{7-17}$$

式中: $w_{D_{\text{mom}}}$、$w_{D_{\text{ltp}}}$、$w_{D_{\text{shp}}}$、$w_{D_{\text{slp}}}$ 和 $w_{D_{\text{curv}}}$ 分别为式(7-16)中的 D_{mom}、D_{ltp}、D_{shp}、D_{slp} 和 D_{curv} 的权重。加权特征向量可以表示为:

$$\text{WF}_y = [w_{D_{\text{mom}}} \times D_{\text{mom}}, w_{D_{\text{ltp}}} \times D_{\text{ltp}}, w_{D_{\text{shp}}} \times D_{\text{shp}}, w_{D_{\text{slp}}} \times D_{\text{slp}}, w_{D_{\text{curv}}} \times D_{\text{curv}}], y \in \Upsilon \tag{7-18}$$

7.5.3.3 特征生成与高级抽象之间的映射

表 7-8 列出了地形要素和基于区域的特征的详细信息。"数据属性"列列出了支持特征检测的数据。"高级抽象"列包括用于表征地貌的关键词,这些地形要素(特征)和基于区域的特征可用于表征地貌形态的高级语义概念。

表 7-8 地形表示的数据属性、特征描述和语义[7]

数据属性	地形要素(特征)	高级语义特征(关键词)
	峡谷线	河道
	山脊线	半锥形谷
坡向、海拔	山峰	山顶
	坑	洼地点
	…	…
数据属性	基于区域的特征	高级语义特征(关键词)
海拔	海拔变化	高海拔边缘
坡度	海拔梯度	超陡坡度
海拔	形态/结构	洼地、边缘等
海拔	坡向	西南方等
坡向	形状	圆形、矩形等

7.5.3.4 分类

分类部分旨在学习地貌类别的加权特征,并预测检测到的区域是否属于地貌类别。训练和文本的输入特征遵循式(7-18)所示的加权特征向量的结构。以下总结了分类的工作流程。

（1）训练部分：

步骤 A1：标记基于高分辨率数字高程模型属于预定义地貌类别的多个对象的最小外接矩形（minimal bounding box，MBB）。

步骤 A2：计算该预定义地貌类别关键词的频率，并创建一个参考权重向量。

步骤 A3：基于该预定义地貌类别的最小外接矩形创建一个参考特征向量。

步骤 A4：通过组合参考权重向量和参考特征向量创建参考加权特征向量。参考加权特征向量的结构如式（7-18）所示。

（2）测试部分：

步骤 T1：使用空间-上下文方法检测地形要素。

步骤 T2：基于地形要素检测结果生成多个最小外接矩形。

步骤 T3：为步骤 T2 接收到的每个最小外接矩形创建特征向量。

步骤 T4：通过将步骤 A2 获得的参考权重向量和步骤 T3 生成的参考特征向量组合，为步骤 T2 接收到的每个最小外接矩形创建参考加权特征向量。

（3）预测部分：

通过分类器进行分类：训练数据是通过步骤 A4 获得的加权特征向量，测试数据是通过步骤 T4 获得的加权特征向量。

7.5.4　示例

基于高分辨率数字高程模型，实验部分选择了陨石坑、圈谷和悬崖作为要检测的地貌类别。前期结果表明[6]，传统的陨石坑检测算法在没有额外处理的情况下不能有效地提取陨石坑的整体结构。领域本体和分类法是 USTopographic，开放式链接数据源包括 Dictionary、Merriam-Webster 和维基百科。在实验的第一部分，从 USTopographic 和开放式链接数据源中提取有关陨石坑、圈谷和悬崖的所有信息，然后在语义上组织信息以丰富 USTopographic 中的语义。

7.5.4.1　语义扩展示例

以陨石坑为例展示了建立语义扩展的结果。工作流程包括介绍的 3 个步骤：从 USTopographic 中提取关键词，从开放式链接数据源（Dictionary、Merriam-Webster 和维基百科）中基于提取的关键词派生句子和文档，并选择有用的句子和文档。

表 7-9 列出了关键词的频率。关键词分别从 USTopographic 和 Dictionary、Merriam-Webster 和维基百科中提取，并把不相关的关键词过滤掉，将剩下的关键词与特征进行匹配。关键词和特征之间的映射详细信息列在表

7-9 中。具体而言，术语"crater"在 USTopographic、Dictionary、Merriam-Webster 和维基百科方面与"basin"和"depression"密切相关。因此，将"basin"和"depression"视为"crater"的两个关键词表示。

表 7-9　涉及陨石坑的关键词的频率[7]

crater				
关键词	对应特征	对应特征检测方法	频率	权重
circular/cup/bowl/cauldron-shaped	shape	霍夫变换	32	0.24
hole/pit/sinkhole/circular openings/depression/cavity/vent	form	基于曲率的空间-上下文方法	39	0.30
	ridgeline	基于空间-上下文方法		
lower than/below surrounding area/place/surface	valleyline	基于空间-上下文方法	24	0.18
completely/partly enclosed/surrounded	shape	霍夫变换	8	0.06
raised rim/ring formation	ridgeline	基于空间-上下文方法	5	0.04
volcanic crater			5	0.04
caldera			4	0.03
meteoric crater			3	0.02
strara dip			3	0.02
basin	ridgeline	基于空间-上下文方法	3	0.02
bomb crater			3	0.02
impact crater			2	0.02

cirque				
关键词	对应特征	对应特征检测方法	频率	权重
hollow, steep-walled basin, downhill side, convergence zone	ridgeline	基于空间-上下文方法	6	0.29
crest of mountain, mountainside	slope	基于坡度的空间-上下文方法	4	0.19
bowl-shaped, amphitheatre-like	shape	霍夫变换	5	0.24
blunt end of valley, valley	valleyline	基于空间-上下文方法	2	0.10
steep-wall, steep cupped section, steep cliffs	cliff	基于坡度的空间-上下文方法	3	0.14
partially surrounded on three sides	shape	霍夫变换	1	0.05

根据表 7-9 中包含的内容，USTopographic 中包含的 3 个关键词——circular-shaped depression、volcanic cone summit、land surface——分别排名为第一、第二和第三，说明领域本体和分类法可以提供专业和通常用于正式描述地貌类别的术语。此外，一些不相关的关键词，如 rock、top、volcano flack 等，以及排名最高的关键词，如 hole/pit/sinkhole/circular openings、raise rim/ring formation 等，均出现在领域本体和开放式链接数据资源中。这证明，来自专业建立的本体和分类法以及志愿者数据集的信息对支持地貌识别和分类非常有用。此外，表 7-9 列出了与关键词相关的地形要素和特征，用于陨石坑和圈谷的检测算法。因此，根据表 7-9 中列出的结果，陨石坑和圈谷的加权特征向量如下所示：

$$
\begin{cases}
\mathrm{WF}_{\mathrm{crater}} = \left[0.24 \times (D_{\mathrm{shp1}}=1), 0.06 \times (D_{\mathrm{shp2}}=1), 0.30 \times (D_{\mathrm{curv}}<0) \right] \\
\mathrm{WF}_{\mathrm{cirque}} = \left[0.24 \times (D_{\mathrm{shp1}}=0), 0.05 \times (D_{\mathrm{shp2}}=0), 0.19 \times (D_{\mathrm{slp1}} \in [15,25)), \right. \\
\qquad \left. 0.14 \times (D_{\mathrm{slp2}} \in [25,90)) \right]
\end{cases}
$$

$$(7\text{-}19)$$

式中：D_{shp1} 和 D_{shp2} 分别表示圆形和封闭圆形的形状特征；D_{slp1} 和 D_{slp2} 分别表示坡度和悬崖的高度特征。

然后，通过创建三元组存储器将陨石坑的提取关键词组织为语义。图 7-12 比较了现有本体的概念层次结构和语义扩展。由深色圆角矩形包围的三元组存储器表示定义陨石坑与其他地貌类别之间关系的关键词，而由浅色矩形包围的三元组存储器表示表征陨石坑类别的关键词。从开放式链接数据资源中发现相关文档所得到的信息可以有效地丰富地貌类别的语义，并为该地貌特性提供更多特征。

7.5.4.2　陨石坑和圈谷检测结果

由于陨石坑和圈谷具有相似的关键词，例如凹陷、碗状、部分封闭等，在某些检测到的对象的情况下，陨石坑和圈谷可能难以区分。因此，评估了提出的 BoGW 模型在不区分陨石坑和圈谷的情况下进行地貌识别的性能。

山脊线是陨石坑和圈谷的基本元素，因此使用空间-上下文方法检测山脊线，选择 0.46 m 作为高程差异的阈值。图 7-13（a）显示了山脊线检测的背景曲率地图。

然后，计算包围地形要素（山脊线）检测结果的 MBB。此外，考虑到陨石坑的边缘可能被检测为不同的山脊线串，在多个尺度上创建了每个类似的 MBB。图 7-13（b）显示了多尺度 MBB 的结果。线条表示检测到的山脊线。方框分别

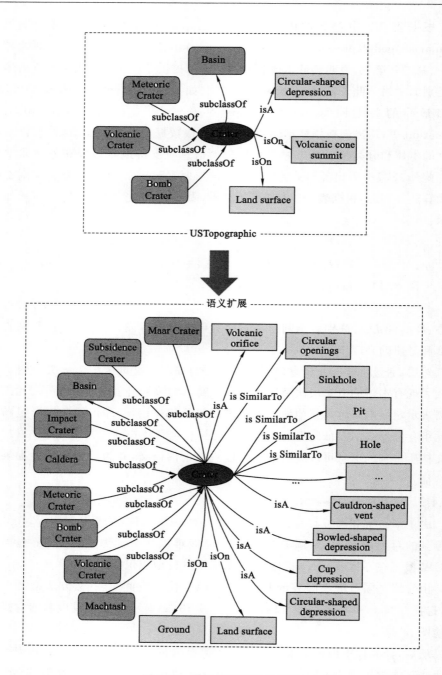

图 7-12 语义扩展结果示例[7]

表示使用小、中和大尺度构建的 MBB。大多数属于陨石坑和圈谷边缘的山脊线都可以被检测到。由于高分辨率数字高程模型总是表示粗糙的地表,因此一些山脊线并不是线性和广泛的。然而,存在很多断开的山脊线,这说明许多山脊线并不是线性的特征,这一现象与低分辨率数字高程模型中观察到的现象不同。

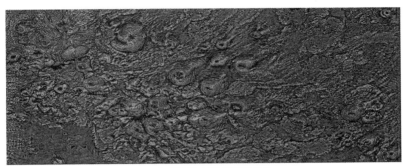

(a) 陨石坑与圈谷提取结果

(b) 提取结果的最小外接矩形

图 7-13　陨石坑与圈谷提取结果以及提取结果的最小外接矩形[5]

最后,基于每个最小外接矩形所包围的面积计算加权特征向量,并使用分类器对每个最小外接矩形的类别进行分类。具体来说,如果被分类为陨石坑或圈谷的最小外接矩形彼此重叠,选择最小尺寸的最小外接矩形作为最终的检测结果。

图 7-14 显示了陨石坑和圈谷检测的结果。较暗方框与较亮方框分别表示真正检测和错误检测。为了更清晰地展示检测结果,将检测结果分别叠加到卫星图像和曲率图上。用户精度和制图精度分别为 84% 和 93%。视觉评估和精度表明,提出的 BoGW 可以支持从高分辨率数字高程模型中检测地貌对象。此外,BoGW 在检测陨石坑和圈谷时通常产生比精度更高的召回率。

（a）提取结果（遥感影像为底图）

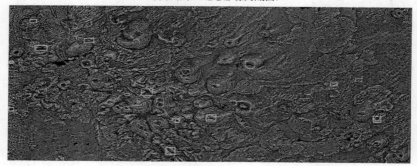

（b）提取结果（曲率图为底图）

图 7-14　陨石坑和圈谷提取结果[5]

　　这些现象的原因可能包括 3 个方面。首先,检测地形要素的圆形形状算法可以有效地提取大多数类似于陨石坑和圈谷的对象。这意味着很少有无关对象被清除,从而导致制图精度或召回率较高。其次,现有的检测形状的方法,如霍夫变换和轮廓逼近,可能面临从高分辨率数字高程模型中检测地形要素的确切形状的挑战。例如,由于难以区分弯曲线性特征和曲线特征,会出现很多假阴性检测。最后,从高分辨率数字高程模型中检测地形要素的准确性对地貌对象检测起着关键作用。这导致用户精度远低于制图精度。

7.5.5　结论

7.5.5.1　方法优势

　　各种地形要素的分类系统一直是地貌表征的基本参数。然而,地形要素无法有效地支持表示地貌对象,地貌对象通常由区域特征表示,而不是点或线性特征。以 BoVW 视觉识别思想为基础,本书提出了一种新的算法 BoGW,旨在通过数字高程模型导出特征和由人类语义定义的描述来表示地貌对象。

7.5.5.2　未来改进

目前,从数字高程模型中检测地貌对象缺乏代表地貌类别特征的大量地面真实数据集,未来需要探索如何建立规模化的地貌对象基准数据集。此外,尽管当前提出了一些基于数字高程模型中识别地貌对象的深度学习模型,但语义在模型可解释性中的独特作用一直被忽视,未来需要将地形要素和语义描述集成起来以促进地貌对象检测[1,9-10]。

7.6　耦合坡向的多特征驱动地形要素提取与识别

7.6.1　耦合坡向的多特征驱动地形要素提取与识别

传统的方法基于曲率图的模糊分类来提取地形要素。本节基于模糊分类的方法,融合坡向和曲率提取山脊和山谷[11]。

假设坡向图中的一个像元为 $A(x_0,y_0)$,其中 x_0 和 y_0 分别表示该像元在图像中的横纵坐标位置。为了提取地形要素,按照以下步骤进行操作:

步骤 1:计算该像元与其 8 个坡向相邻像元的坡向差异 AD_{dir},其中 AD 表示该坡向差异值,dir 表示该坡向的索引(共有 8 个坡向)。

步骤 2:基于两个相反的坡向,例如东和西(AD_{east} 和 AD_{west}),如果满足以下前提条件,将该像元标记为 1:

如果这两个坡向中的任意一个坡向差异值大于 22.5°,且另一个坡向差异值小于 22.5°,那么将该像元标记为 1(即表示该像元可能是一个山脊或山谷点)。

例如,如果 AD_{east} 大于 22.5°且 AD_{west} 小于 22.5°,则将该像元标记为 1。由于实验中使用的 DEM 分辨率为 1 m,将坡向差异的粒度设置为 22.5°。

步骤 3:如果步骤 2 中的条件不满足,则将该像元标记为 0。

步骤 4:生成一个包含所有标记像元的新地图。

接下来,分别进行基于曲率的模糊分类和基于坡向增强曲率的模糊分类。

基于曲率的模糊分类为:

$$f(x_0,y_0)=\begin{cases}1,C(x_0,y_0)\in[\theta_1,+\infty)\\-1,C(x_0,y_0)\in(-\infty,\theta_2]\\0,C(x_0,y_0)\in(\theta_2,\theta_1)\end{cases} \quad (7\text{-}20)$$

式中:$f(x_0,y_0)$是用于确定 DEM 坐标中一个像元是否属于山脊、山谷或非地形要素的模糊命题函数;$C(x_0,y_0)$是该像元的平均曲率值;θ_1 和 θ_2 是山脊和山谷的曲率阈值。当像元的曲率值大于 θ_1 时,该像元被分类为山脊;当像元的曲率值小于 θ_2 时,该像元被分类为山谷;否则,该像元将被分类为非山脊或非山谷像元。

下面的表达式展示了基于坡向增强曲率的模糊分类用于山脊和山谷提取,其中 θ_1 和 θ_2 分别是用于确定山脊线和山谷线的两个阈值,$AD_+(x_0,y_0)$ 和 $AD_-(x_0,y_0)$ 是 $A(x_0,y_0)$ 在两个相反坡向的坡向差异:

$$f(x_0,y_0)=\begin{cases}1,AD_+(x_0,y_0)\geqslant 22.5,AD_-(x_0,y_0)<22.5,C(x_0,y_0)\in[\theta_1,+\infty)\\-1,AD_+(x_0,y_0)\geqslant 22.5,AD_-(x_0,y_0)<22.5,C(x_0,y_0)\in(-\infty,\theta_2]\end{cases}$$

$$(7\text{-}21)$$

图 7-15 显示了使用平均曲率模糊分类和坡向增强曲率模糊分类提取山脊线(陨石坑边缘)的结果。平均曲率的阈值为 0.01。

由图可见,通过每种方法生成基于 4 组高分辨率(1 m、2 m、4 m 和 8 m)数字高程模型的提取结果。线条部分是提取出的山脊线。在图 7-15(a)和(b)的结果中,平均曲率模糊分类包含了大量的误检结果,使得无法得出两个陨石坑的真实边界。此外,大部分提取出的山脊线都很小且不完整。相比之下,基于坡向增强曲率模糊分类得到的两个陨石坑的边界更加清晰,证明融合坡向和平均曲率的模糊分类在高分辨率数字高程模型上提取山脊线的能力更强。此外,基于平均曲率的模糊分类通常会在基于较低分辨率数字高程模型的山脊线提取结果中产生适当的噪声。

这意味着高分辨率数字高程模型(1 m、2 m、4 m 和 8 m)中可用的地表粗糙度细节会导致平均曲率单独提取出许多非山脊线的特征。在图 7-15(a)的结果中,通过计算坡向差,陨石坑的边缘不够清晰。然而,在图 7-15(b)的结果中,通过计算坡向差,陨石坑的边缘更容易从周围环境中区分出来。如果地形变化较小,如图 7-15(a)中的陨石坑,则单独使用曲率可能是合适的。否则,对于像图 7-15(b)中的陨石坑这样高程和坡度变化显著的地形,融合坡向差和平均曲率的方法可以处理噪声和高分辨率数字高程模型中类似山脊线的特征。总之,图 7-15 的结果证明了在融合坡向信息的情况下,模糊分类这种常用于中等分辨率数字高程模型的方法,在高分辨率数字高程模型上也能够胜任。

7.6.2 耦合坡向与高程的地形要素提取

基于局部特征的地形要素提取方法专注于在不同尺度和旋转下发现显著特征(或有趣的点),一些算法如局部三值模式、图像金字塔等,已经被应用于地形要素提取。

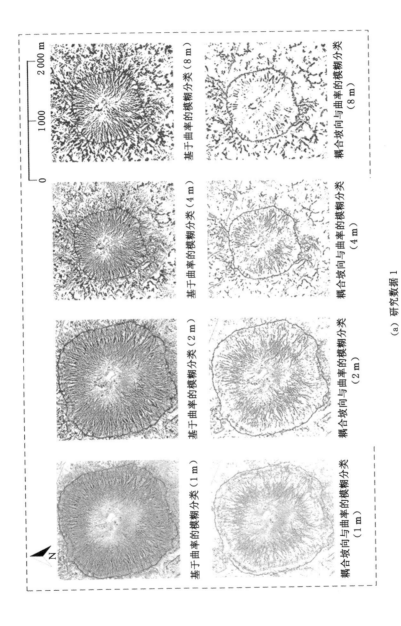

（a）研究数据 1

图 7-15　基于曲率和基于坡向增强曲率的模糊分类结果比较[11]

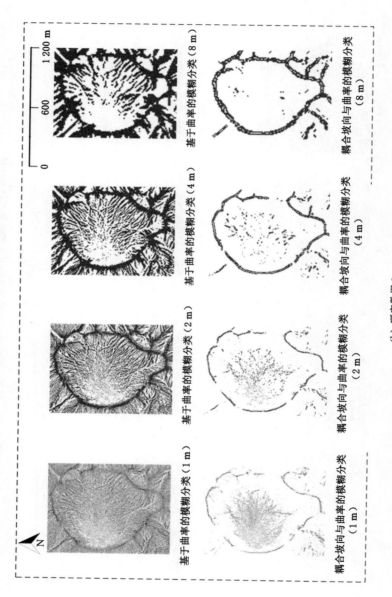

(b) 研究数据 2

图 7-15（续）

本节分别基于高程和坡向使用局部三值模式 LTP 进行像元级地形分析。在一个 3 像元×3 像元的窗口中,中心像元有 8 个相邻像元。该方法将中心像元和各个坡向上的相邻像元与包括 1、0 和−1 的三值模式进行比较。三值模式由以下方程获得:

$$\mathrm{LTP}(p_0 - p_a) = \begin{cases} 1, p_0 - p_a > 0 \\ 0, p_0 - p_a = 0 \\ -1, p_0 - p_a < 0 \end{cases} \qquad (7\text{-}22)$$

式中,p_0 和 p_a 分别表示 3 像元×3 像元窗口中一个坡向上中心像元和其相邻像元的值。

因此,一个像元(中心像元)的 LTP 将由 8 个值组成。与计算机视觉中定义的模式不同,传统的局部三值模式方法忽略了这 8 个相邻坡向的顺序,并预定义了 10 种模式,用于描述各种地形元素,包括平坦和坡地、山峰和山底、山脊和山谷、肩部和足坡以及凸地和凹槽。

图 7-16 显示了使用基于高程的局部三值模式和基于坡向增强高程的局部三值模式提取陨石坑边缘(山脊线)的结果。高程和坡向的阈值分别为 0.06 m 和 22.5°。

由图可见,通过每种方法生成基于 1 m、2 m、4 m 和 8 m 分辨率数字高程模型的提取结果。线条部分是提取出的山脊线。在图 7-16(a)中,基于高程的局部三值模式产生了比基于坡向增强高程的局部三值模式更多的非线性山脊线。此外,陨石坑内部的山脊线没有被基于高程的局部三值模式提取出来。这是因为陨石坑内部的大部分山脊线只能通过平面曲率提取出来。对于第二个陨石坑[图 7-16(b)],基于高程的局部三值模式和基于坡向增强高程的局部三值模式在提取山脊线方面产生了类似的结果。在这个陨石坑中,内部部分山脊线(边缘)的坡度非常平缓,使得它们无法通过高程差异和坡向差异来描述。

此外,在使用基于高程的局部三值模式提取陨石坑边缘的结果中观察到了许多分支。Jasiewicz 和 Stepinski 报道的基于高程的模式是在 30 m 分辨率数字高程模型上进行测试的[8]。在这种情况下,陨石坑边缘(山脊线)与周围环境具有明显的高程差异。因此,基于高程的局部三值模式可以生成比基于坡向增强局部三值模式更好的结果。然而,在高分辨率数字高程模型中,当地表粗糙度细节可用时,山脊线或陨石坑边缘无法通过高程差异进行区分。基于高程的局部三值模式无法预定义复杂地形的精确模式模板,导致基于坡向增强高程局部三值模式提取的山脊线(陨石坑边缘)数目不足。这意味着特定地形的模式可能非常难以在高分辨率数字高程模型上进行精确定义。

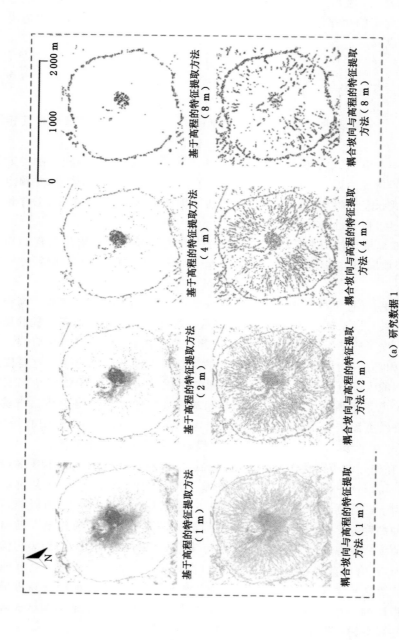

图7-16　基于高程特征描述符和坡向增强高程特征描述符的结果比较[11]

（a）研究数据1

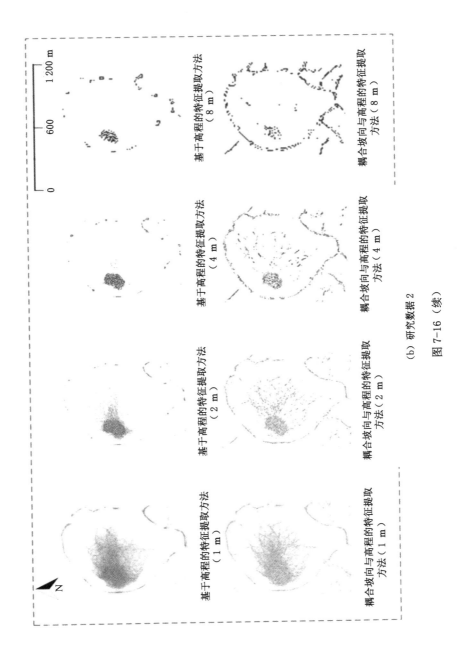

（b）研究数据 2

图 7-16 （续）

7.6.3 耦合坡向与曲率的地形要素提取

基于对象的方法能够更好地从高分辨率数字高程模型中提取地表形态。首先,基于对象的分割可以克服像"椒盐噪声"这样的噪声的负面影响,"椒盐噪声"主要源于高分辨率数字高程模型所表示的地表细节粗糙度。与描述相对平滑表面的低分辨率和中等分辨率数字高程模型不同,在高分辨率数字高程模型中,地表粗糙度的细节(例如石头、小凸起和凹陷)可能会成为"椒盐噪声"。此外,基于对象的分割支持基于上下文信息(如纹理、模式、结构等)的地形要素提取。

基于一个前沿的基于对象的分割方法——简单线性迭代聚类(Simple Linear Iterative Clustering,SLIC),对 1 m 分辨率的数字高程模型、1 m 曲率图和 1 m 坡向图进行分割。SLIC[12] 通过表征空间距离和强度(颜色)差异来将像元聚类为超像元(或对象)。SLIC 的特征包括颜色空间和图像空间,其中颜色空间为 Lab 颜色空间的 3 个通道,图像空间表示图像的水平和垂直维度。因为数字高程模型、曲率图或坡向图仅包含一个通道,SLIC 的颜色通道转换为高程、曲率或坡向的值,且高程、曲率或坡向的空间维度即为 SLIC 的图像空间。因此,SLIC 的函数如下所示:

$$\text{SLIC}(\text{attr}_\sigma, X, Y, g, \theta) \tag{7-23}$$

式中:X、Y 为高程、曲率或坡向的水平和垂直维度,表示高斯滤波;attr_σ 是对原始 DEM、曲率图或坡向图进行归一化的结果,即 attr_σ 的原始值范围被转换为在(0~1)范围内的值;g 表示高斯滤波器的 σ,用于控制平滑程度,在本书中,σ 的值为 1;此外,为了避免错过属于地形对象的子结构,给出了较小的比例参数值(θ),以生成一个更有可能包括更多小对象的结果。

下面的方程显示了在 SLIC 分割中度量两个像元之间差异的距离:

$$D_{\text{total}} = D_z + \frac{\theta}{\sqrt{N}} \times D_{xy} \tag{7-24}$$

式中:D_{total} 指度量两个像元之间差异的最终距离;D_z 是两个像元之间属性(高程、曲率或坡向)的距离;D_{xy} 是两个像元之间的空间距离;θ 表示空间距离和属性差异(高程、曲率或坡向)之间的比率;较大的 θ 会生成包含大型地形对象的结果,反之亦然;N 表示分割后超像元的近似数量。此外,D_z 和 D_{xy} 由以下方程获得:

$$\begin{cases} D_z = \sqrt{D_{\text{attr}}^2 + D_{\text{attr}}^2 + D_{\text{attr}}^2} \\ D_{xy} = \sqrt{(D_x)^2 + (D_y)^2} \end{cases} \tag{7-25}$$

式中:D_{attr} 指两个像元之间属性(高程、曲率或坡向)的差异;D_x 和 D_y 分别表示两个像元在水平和垂直维度上的距离。

图 7-17 显示了使用基于高程的 SLIC、基于曲率的 SLIC 和基于坡向增强曲率的 SLIC 分别提取陨石坑边界(山脊线)的结果。

由图可见,通过每种方法生成基于 1 m、2 m、4 m 和 8 m 分辨率数字高程模型的提取结果。分割时使用的近似分段数和高斯尺度分别为 3 000 和 2 m。在图 7-17(a)和(b)的结果中,提取出的线条中只有很少的真正的山脊线。虽然这两个陨石坑的轮廓视觉上较为明显,但是提取出的线条中只有很少的真正的山脊线。此外,使用基于高程的分割和基于曲率的分割无法识别这两个陨石坑的边缘。这些属于陨石坑边缘的线条看起来无法在没有手动后处理的支持下与提取出的其他线条分离出来。

7.6.4　结论

7.6.4.1　方法优势

与使用平均曲率生成的结果相比,耦合坡向差异的模糊集可以有效地增强基于高分辨率数字高程模型定义山脊线和山谷线的特征。基于平均曲率的模糊分类产生的结果可能包含许多真负误差,即山脊线以及山肩都会被提取出来。当高分辨率数字高程模型中地表粗糙度的细节可用时,山脊和山肩,或者山谷和山脚斜坡,可能具有相似的曲率值。在这种情况下,仅使用平均曲率可能会提取出山肩和山脊。另外,可能存在山脊点或山谷点的曲率甚至小于山肩点或山脚斜坡点的曲率的情况,在这种情况下,仅使用平均曲率会提取出山肩和山脚斜坡。

特征描述符方法在提取主要地形要素方面具有显著意义,在使用不同数字高程模型导数时,其性能差异很大。通过集成坡向差异,新的模式模板能够更好地定义山谷线或山脊线的复杂上下文。因此,集成坡向差异和高程的模式比基于高程的模式更能够从高分辨率数字高程模型中生成更好的地形要素提取结果。然而,提取结果中也存在许多断点线,这可能是由于 1 m 分辨率数字高程模型上的地表比 30 m 分辨率数字高程模型上的地表复杂得多。这证明在高分辨率数字高程模型上,预定义模板(或模式)以精确地表示地表复杂的高程变化是具有挑战的。

对于多尺度分割,基于高程的分割和基于曲率的分割基本上不能用于从高分辨率数字高程模型中提取山脊线。这两种方法仅检测具有显著高程变化的边缘,其中大部分属于山肩而不是山脊。此外,基于高分辨率数字高程模型,分割算法对于山脊线或山谷线两侧的高程和曲率差异非常敏感。最后但并非最不重要的是,山脊线的两侧将具有明显的坡向差异,而山肩或山脚斜坡可能不会。因此,通过集成坡向特征,山脊线的上下文和复杂地貌的表示在高分辨率数字高程模型中更加明显,基于坡向增强曲率的分割优于基于高程和基于曲率的分割。

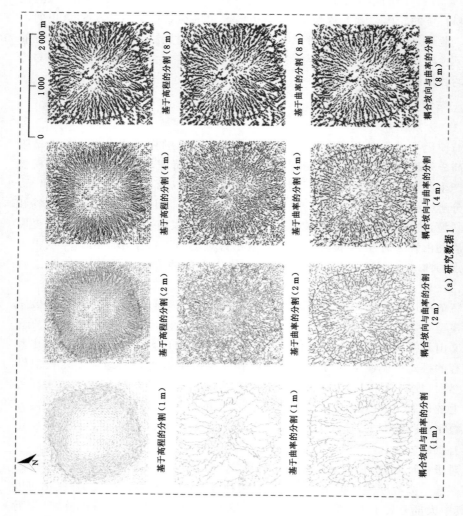

图 7-17　基于高程分割、基于曲率分割和基于坡向增强曲率分割的结果比较[11]

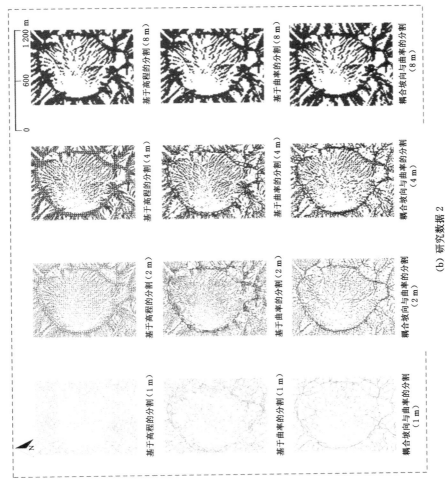

（b）研究数据 2

图 7-17（续）

通过一系列方法结果,可以得到关于自适应坡向粒度的规律:对于 $1\sim5$ m 的高分辨率数字高程模型,坡向颗粒度为 22.5°相对适合;对于 5 m 以上的高分辨率数字高程模型,坡向颗粒度为 45°相对适合;对于分辨率高于 1 m 的数字高程模型来说,11.25°是相对适当的坡向粒度。

7.6.4.2 未来改进

用于地形要素提取的坡向粒度依赖于高分辨率数字高程模型的空间分辨率,尽管有了一些规律,未来尚需要进一步探索如何基于地形要素的比例尺(或空间分辨率)自适应挖掘适当的坡向粒度。由于分辨率更高的数字高程模型能够表示更为复杂的地表地貌,针对更为复杂的地表地貌,需要研究坡向粒度与空间分辨率的协同关系,同时探索坡向和坡向差在地形要素提取中的作用。

7.7 基于人工神经网络的地形要素提取与识别

7.7.1 背景

地形要素的自动识别与分类主要侧重于地形参数的计算和综合[13-14],这些参数可以描述地形形成过程中地表形态的形式[15]。在提取与识别的过程中,基于地形参数的值和规则往往需要依赖于经验进行预定义[4,16],这些预定义的规则能够识别简单的形态,例如鞍部、沟槽、山脊和平原,但不能完全描述实际地貌的更复杂形态群。

因此,为了减少数字高程模型中的人工特征作业[17]和平坦区域中的噪声影响,需要研究一种基于专家驱动的半自动方法,以从高分辨率数字高程模型和面向对象的分类方法中定义地形要素,实现对复杂的山地地形进行分类。

7.7.2 形态表征特征参数化

基于 5 像元×5 像元的窗口大小计算一阶导数(坡度)和二阶导数(最大曲率、最小曲率和横截面曲率)的最小值、最大值、平均值和标准差。但基于 5 像元×5 像元的窗口下计算,点特征(峰顶、山口和坑)所需的完全零坡度往往很少出现,导致会产生仅由沟渠、山脊和平面组成的结果,无法得到其他地形要素。为了解决这个问题,进一步引入两个参数:坡度容差和曲率容差。坡度容差将平面表面与坡度分开,曲率容差将平面表面与山脊和沟渠分开,容差的值取决于研究区域的地形状况。

Wood 等[18]发现坡度容差和曲率容差值在基于数字高程模型的点(峰顶、坑和山口)、线(脊线和沟渠)和平原特征分类中具有关键影响。因此,使用不同的坡度容差和曲率容差值进行组合测试。首先应用 $1°\sim10°$ 的坡度容差值和 $0.001\sim0.000\,01$ 的曲率容差值进行比较,然后基于分类为点特征(峰顶、山口和坑)的元素的百分比和位置来确定坡度容差,并在平面区域范围内选择合适的曲率容差,最后基于数字高程模型进行分类和验证。

　　坡度、横截面曲率、最小曲率和最大曲率被输入人工神经网络模型中进行特征学习和结果计算。图 7-18 显示人工神经网络模型的自组织映射结构。

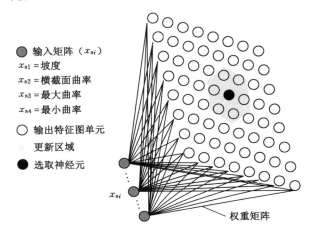

　　　　输入矩阵 (x_{si})
　　　　$x_{s1}=$坡度
　　　　$x_{s2}=$横截面曲率
　　　　$x_{s3}=$最大曲率
　　　　$x_{s4}=$最小曲率
　　○　输出特征图单元
　　　　更新区域
　　●　选取神经元
　　　　　　　　　　x_{si}
　　　　　　　　　　　　　权重矩阵

$x_{s1}\sim x_{s4}$—输入向量;线—输入神经元(权重向量)与输出神经元之间的连接。

图 7-18　人工神经网络模型的自组织映射结构[19]

7.7.3　自组织映射

7.7.3.1　自组织映射机制

　　使用包含所有 4 个形态表征参数作为输入和 10 个神经元的二维输出的数据点子集进行特征学习。

　　在特征学习之前,随机初始化映射单元(w_i)的权重为任意值。为每个输出映射单元 i 都分配一个高维数据空间中的模型向量 $\boldsymbol{m}_i$。在特征学习阶段,将每个输入向量($\boldsymbol{x}_{si}$)输入进网络,计算 $\boldsymbol{x}_{si}$ 与网络中所有向量单元或节点之间的欧几里得距离,选取具有最小欧几里得距离的节点 q,通常称之为最佳匹配单元(best matching unit,BMU),计算方法如下所示:

$$q = \arg\min_i \| \boldsymbol{x}_{si} - \boldsymbol{m}_i \| \tag{7-26}$$

式中:q 是最佳匹配神经元;$\boldsymbol{x}_{si}$ 和 $\boldsymbol{m}_i$ 分别是输入向量 $\boldsymbol{x}_s$ 的第 i 个元素和映射向量单元的第 i 个元素。

　　然后,所选出的最佳匹配神经元成为一个更新邻域的中心,节点及其相关的权重将在这个邻域内更新,以便每个权重向量都收敛于输入模式。该过程对每个输入样本特征重复进行,以获取最佳网络结构。特征学习阶段结束后,形成由许多向量组成的特征集。

7.7.3.2 数据预处理[9]

预处理输入数据可以使神经网络学习更加有效。考虑到输入变量的特征空间尺度对于特征向量之间的欧几里得距离度量影响十分显著,将所有输入形态表征参数归一化到 0～1 的范围内。经过一些试验,将神经网络模型中的分类单元数量设置为 10。

在特征学习之前,随机初始化映射单元的权重。特征学习过程分为两个阶段:粗调和细调。在粗调阶段,初始邻域半径和学习率较大。在这一步中,邻域从半径初始化的神经元开始到细化邻域距离,学习率也从 0.5 降到 0.05。在细调阶段,学习率和邻域距离缓慢降低,同时保持在前一阶段学到的拓扑顺序。

特征学习结束后,特征图中的所有单元分布于输入数据空间中,以便相邻的神经元可以识别每个训练特征图中不同单元的最佳匹配输入,然后通过量化误差和拓扑误差的平均值来衡量特征学习的效果。量化误差是数据向量和特征图上最佳匹配单元之间的欧几里得距离。拓扑误差显示了所有数据向量中,第一和第二最佳匹配神经元不相邻的单元的比例,并提供了保留拓扑关系下特征图精度指标[20]。在这种情况下,选择具有最低平均量化误差和拓扑误差的最佳特征图。

利用特征空间的统计分析、特征图单元的特征分布分析和数字高程模型的三重检查,可以确定特征图单元对地表形态表征特征的依赖性。经过实验,平均坡度值为:缓坡:$<5°$,中坡:$5°～8°$,陡坡:$8°～12°$和非常陡坡:$>12°$。这产生了关于坡度条件的形态子类。

7.7.3.3 特征空间分析

特征空间分析用于理解形态表征参数二维空间中类别之间的关系,主要通过特征图将类别标记为对应的形态表征特征。特征空间图包含 6 个主要的形态表征特征:山脊、沟渠、平面、河谷底部、过渡区(河谷底部和平面之间)和山脊线,以及基于坡度条件的 4 个子类别。

7.7.3.4 实验发现

不同的坡度容差和曲率容差值组合测试中,如果坡度容差增加,则斜率值低于坡度容差的单元格数将增加,意味着更多的表面被视为水平面,将其归类为基于点的特征(峰顶、山口和坑)的机会增加。相反,被分类为脊线或沟渠的单元格数量会减少。如果曲率容差增加,则曲率足以使其作为脊线或沟渠的单元格数量减少,许多区域被视为平面。

将曲率容差从 0.001 降低到 0.000 01,将坡度容差从 1°增加到 10°,则沟渠的百分比从 7.9% 增加到 17%,脊线的百分比从 10.2% 增加到 21.8%。基于点的特征也显著增加。1°的坡度容差和 0.000 5 的曲率容差是最佳折中值。

具有正横截面曲率和高最小和最大曲率的类别被识别为山脊;相反,负横截面曲率和低最小和最大曲率是沟渠的特征。具有这两个类别属性之间特性的类别是平面特征,但具有不同的坡度类别。

7.7.4 结论

7.7.4.1 方法优势

基于神经网络模型能够显著改进传统方法对于非点形态表征特征的识别效果,两种方法在定义沟渠、山脊和平面的总体模式相似,但基于神经网络模型具有更多的信息量且包括坡度信息。例如,沟渠根据坡度条件分为两个类别,类别 1 为具有非常陡峭的坡度,类别 2 为具有中等的坡度。在这种方法中,坡度参数更重要,因而基于神经网络模型不仅能够表征不同的类别,还能够将水平面和倾斜面进行细分,充分利用坡度参数的全部潜力。

传统方法定义基于点特征的标准是零坡度,定义山底、山峰和沟渠的标准通常也是坡度为零。但对地貌地形特征的表征和形态表征特征的识别中,考虑这些地形要素的邻域时,地表通常具有一定的倾斜。基于神经网络模型能够在不依赖于曲率容差和坡度容差值的条件下完成这些地形要素的提取与识别。

同时,理想情况下,平面应具有最大曲率、最小曲率和横截面曲率的零值。然而,在现实中,大多数平面都具有一些曲率分量,其结果依赖于所选的坡度容差和曲率容差的阈值。基于神经网络模型的方法不依赖于曲率容差和坡度容差的设置,不需要对注入山峰、沟渠、山脊和平面这样的类别进行预定义假设。

7.7.4.2 未来改进

人工神经网络模型的探索较早,对于神经网络的深度还未能形成系统的研究。同时,对于数据增强等技术在地形要素提取与识别中也有待进一步探索。

7.8 基于面向场景识别卷积神经网络模型的地形要素提取与识别

7.8.1 背景

基于数字高程模型的单模态数据可能无法准确描述有关地貌物理属性,需要融合不同模态的地貌数据,以提高地貌识别和分类的准确性。目前的多模态方法通常包括基于经验证据和专业知识设计的特征提取器或分类器,模型相对简单[20]，难以有效挖掘不同模态特征之间的高度非线性关系，因此达到地貌识别准确性的极限[21-23]。

传统的机器学习技术需要精心设计特征提取器和系统的专家知识才能处理自然数据的原始形式[24]，而基于深度学习的方法能够挖掘高维特征中的复杂结构[25]。深度神经网络可以逐层地挖掘原始数据的内在语义特征[26-27]，通过利用多个处理层学习稳健、通用和分层的深层数据特征，深度学习可以有效反映基本的对象特征。因此，需要提出一种端到端的、基于深度学习的地形要素提取与识别方法。

7.8.2 多通道地形要素提取

利用卷积神经网络（convolutional neural network，CNN）从数字高程模型和坡度数据中提取低层次的物理特征，从阴影数据中提取视觉特征。所提出的深度学习框架由 3 个功能模块组成[16]，如图 7-19 所示：① 多通道地形要素提取模块；② 多模态地形要素融合模块；③ 地形要素分类。该框架形成一个自下而上的演化流程，用于地形要素识别。

多通道地形要素提取模块包含 3 个并行的 CNN 通道：纹理、高程和坡度，且所有通道中使用相同的网络结构。

使用多个阶段进行数字高程模型特征的训练，每个阶段的输入和输出都是一组为特征图的数组，每一层的输出特征图被视为输入的进一步精炼。如图 7-19(a)中(2)高程通道所示，多通道特征提取网络的每个阶段都包含多个操作层：卷积操作、激活函数（如 ReLU 函数）和池化操作。深层特征包括从卷积层和池化层中提取的纹理、高程和坡度信息。

卷积和池化层的特征图分别用 C_i 和 P_j 表示，其中 $i=1,\cdots,6,j=1,2,6$，因此可以通过以下方式获得池化 6 层的特征图：

$$P_6 = \text{pool}(f(W_6 * C_5 + b_6)) \tag{7-27}$$

式中：* 表示卷积操作；b_6 和 W_6 是卷积 6 层的偏置参数和卷积核，它们是学习参数；f 是激活函数，即 ReLU 函数，可以通过以下方式获得：

$$f(x) = \max(0, x) \tag{7-28}$$

式中：x 是输入数据。这里使用了一个最大池化操作符在邻域内取最大激活值。特别地，公式(7-27)被用来构建 3 个名为 F_t、F_e 和 F_s 的特征图，分别来自阴影数据、DEM 和坡度数据。

7.8.3 多模态地形要素融合

为了匹配所需的特征图形状，3 个特征图 F_t、F_e 和 F_s 沿通道轴拼接起来，生成合并的特征向量 V，结合了不同模态的地貌特征。它的形式如下：

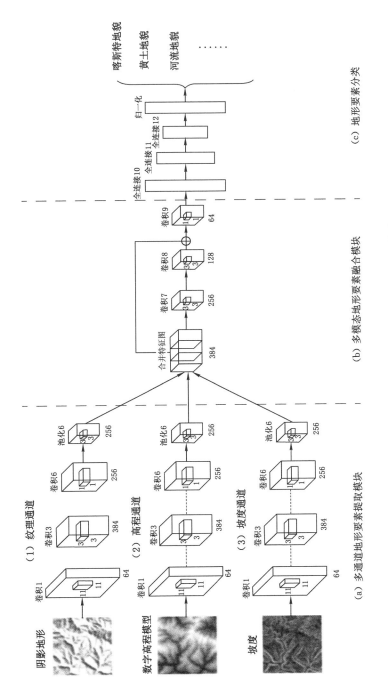

图 7-19　多通道地形要素提取框架[16]

$$V = [F_{\mathrm{t}}, F_{\mathrm{e}}, F_{\mathrm{s}}] \tag{7-29}$$

在少量堆叠的残差单元中可以很好地挖掘高级非线性特征。因此,引入残差学习[15]来进一步发现表达地貌物理和视觉信息的高级联合地貌特征向量 $\boldsymbol{V}$。在多模态地形要素融合网络中,一个残差单元被堆叠在合并的特征向量 $\boldsymbol{V}$ 上,如下所示:

$$X_c^{(1)} = T(\boldsymbol{V}) + F(\boldsymbol{V}, \varphi_c^{(0)}) \tag{7-30}$$

式中:残差函数表示卷积＋批量归一化＋ReLU 的组合,c 是残差单元中可学习的参数。但是,特征向量 $\boldsymbol{V}$ 的维度和输出的维度不相等。因此,我们使用函数来执行线性投影以匹配公式(7-30)中的维度。为了平衡效率和质量,线性投影是通过 1×1 卷积实现的。接着,在残差单元 $X_c^{(1)}$ 之上附加一个卷积层。最终,联合地貌特征向量 $\boldsymbol{J}$ 可以由下式获得:

$$\boldsymbol{J} = \mathrm{ReLU}(W_8 * X_c^{(1)} + b_8) \tag{7-31}$$

图 7-20 显示了多通道地形要素提取网络结构,可以从阴影数据、DEM 和坡度数据中生成视觉纹理特征和物理特征。F_{t}、F_{e} 和 F_{s} 分别代表从阴影数据、DEM 和坡度数据中通过特征提取网络获取的 3 个特征图。

联合特征的构建过程如图 7-19(b)所示。多模态地形要素融合模块中,残差单元的输入是一个 $6 \times 6 \times 384$ 维的特征向量 $\boldsymbol{V}$,多模态地形要素融合模块用于减少冗余信息,提高深层次特征的判别能力,最终生成一个 $6 \times 6 \times 64$ 维的联合地貌特征向量 $\boldsymbol{J}$。

如图 7-19(c)所示,地形要素分类包括 3 个全连接层和一个归一化分类器。第一个全连接层的输入是一个 $6 \times 6 \times 64$ 维的联合地貌特征向量 $\boldsymbol{J}$,第三个全连接层输出一个 6 维向量 $\boldsymbol{S}$,可以视为每个地形要素的得分。在获得得分 $\boldsymbol{S}$ 后,使用多类交叉熵损失函数在训练过程中衡量目标类别分布 c_i 和预测类别分布之间的偏差。损失函数如下:

$$\mathrm{Loss} = \sum_{i \in \mathrm{classes}} c_i \ln \frac{e^{S_i}}{\sum_{j \in \mathrm{classes}} e^{S_j}} \tag{7-32}$$

式中,如果输入被标记为 i,则 $c_i = 1$,否则为 0。在测试过程中,argmax 函数用于预测类别。对于每个输入,最终的分类结果 l 由下式给出:

$$l = \mathrm{argmax}_{i \in \mathrm{classes}} \frac{e^{S_i}}{\sum_{j \in \mathrm{classes}} e^{S_j}} \tag{7-33}$$

7.8.4　结论

7.8.4.1　结果发现

基于 RGB 颜色空间所构建的地形不是单一的地形要素,比灰度阴影地形具

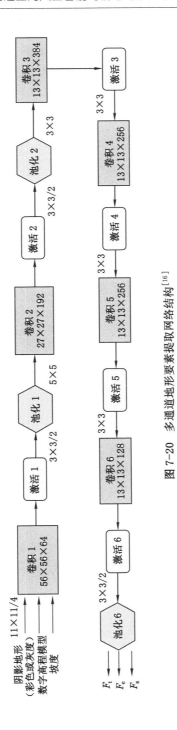

图 7-20　多通道地形要素提取网络结构[16]

有更多的视觉特征。仅使用 RGB 阴影地形的识别准确率显著高于灰度阴影地形。

RGB 阴影地形＋数字高程模型的融合准确率与灰度阴影地形＋数字高程模型的融合准确率相当。RGB 阴影地形＋其他地貌数据(数字高程模型或坡度数据)的融合识别准确率略高于灰度阴影地形＋其他地貌数据的融合识别准确率。结果也验证了。

尽管光源的坡向和角度是从数字高程模型获取阴影地形的关键参数,但使用不同的照明角度难以有效地提高地貌识别准确性。

仅组合不同的模态数据的机器学习识别准确率相对较低,说明机器学习在挖掘不同模态特征之间高度非线性关系不太有效。而采用残差学习和多层特征学习的方法比机器学习的识别效果更好。

7.8.4.2 方法优势

卷积神经网络模型法在减轻风蚀和干旱地貌以及岩溶和河流地貌混淆方面比其他机器学习方法更有效,能够高效地融合物理和视觉特征信息,增强判别能力并减少冗余信息。

使用了两种不同的地形要素模态以表征内在物理属性(如高程、坡度和曲率等)和外在视觉纹理特性,能够融合多通道地貌特征和多模态数据特征。

提出的基于深度学习的算法能够通过一个通用学习的过程从数据中自动学习特征,具有从不同的地貌数据中高效提取和融合特征的潜力,从而显著提高地貌识别的准确性。

7.8.4.3 未来改进

当前的研究尚未考虑其他数据模态,例如土壤信息和水文数据,已有研究认为这些数据模态在地形要素识别中起着重要作用[5-6]。

可进一步通过结构学习增强方法鲁棒性的潜力[10],例如将采用条件随机场(conditional random field,CRF)来学习地表形态的集合结构和地貌结构的关系(例如上下文信息)。

7.9 基于面向语义分割卷积神经网络的地形要素提取与识别

7.9.1 背景

地形要素的性质与数量直接反映了景观发展的阶段和影响过程的强度,研究特定地形要素有助于描述给定区域的发展和形成过程[14]。然而,在具体的典型研究中,地形要素具有较为模糊、复杂的结构,且不同类型的地形要素往往较为相似,需要使用高级的分割模型以获得准确的结果。而且,当前计算机视觉与模式识别的风格方法,还很难直接应用于地形要素提取与识别的任务。

　　因此,基于现有前沿的深度学习模型,通过计算地貌因素的相对值,提出一种基于卷积神经网络的分割模型,提高提取和识别地形要素的性能,以支持地貌发展情况的判断和分析。

7.9.2　研究数据

　　使用的基础数据包括数字高程模型、地形参数与遥感影像。数字高程模型为 ASTER 全球数字高程模型(GDEMV2)的第二版,GDEMV2 是世界上最完整的高分辨率数字地形数据集之一,空间分辨率为 1 角秒(约 30 m)[28-29]。在黄土高原,黄土地貌的长度或半径大于 30 m,在 30 m 的分辨率下可以清楚地观察到黄土地貌的特征,这意味着基于数字高程模型计算坡度和坡向作为地形参数,能够表示不同黄土地貌之间的差异。坡度描述地表高程的变化率,可以帮助检测黄土地貌的边界[30]。坡向描述地表高程的变化方向。遥感图像则源于 Google Earth 图像,空间分辨率为 8.96 m。

　　除此之外,研究数据还包含标注数据。标注数据中,将不同类型的地形要素的边界手动绘制为多边形,且每种类型的地表形态的标注数量基本一致,都有 150 个样本。其中,黄土地表形态(即黄土山脊和黄土山丘)的标注数据量超过 1 500 个,主要基于原始基础数据通过视觉解译进行标注,并基于这些数据建立了数据集。

　　最后,将完整的数据集随机分成 3 个部分:① 用于分析地貌特征的训练数据;② 用于最小化过度拟合的验证数据;③ 用于评估训练网络性能的测试数据。这 3 个部分的比例分别为 80%、10% 和 10%。

7.9.3　深度学习网络构建和训练

7.9.3.1　基础网络:U-Net

　　选择一种深度卷积网络的典型结构 U-Net[31] 作为基本网络结构,其结构如图 7-21 所示[32]。U-Net 分为收缩路径和扩张路径。收缩路径从输入数据中提取有价值的信息并压缩数据。U-Net 与传统 CNN 之间的明显区别在于扩张路径的架构。上采样的上卷积取代了完全连接的层。扩张路径通过弹性变形策略模拟图像特征与范围的变化。地表形态的形成受内部和外部地貌过程的各种影响,导致自然和理论地貌特征之间的偏差。因此,运用弹性变形算法模拟部分地貌变化,增强网络的分类能力,减少必需的训练样本数量。基于 U-Net 的基础网络结构,调整和改进某些层以适应地形要素学习,核心改进如下所述[33]。

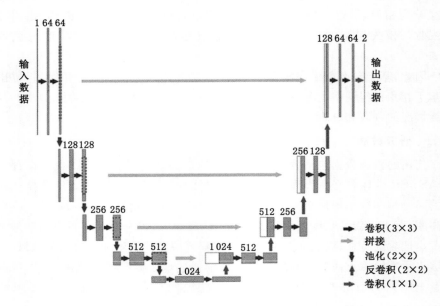

图 7-21　U-Net 模型结构[32]

7.9.3.2　多通道特征融合

传统的 U-Net 结构只有一个输入通道。然而，在地貌研究中，地貌是特征的复杂组合，其特征无法仅基于一个数据通道进行完全表达。因此，使用多通道特征融合结构（图 7-22）替换了 U-Net 的收缩路径[33]。

在改进的多通道特征融合网络中，输入通道的数量可调整。所建立的基础数据集中的每种类型数据（如数字高程模型、坡度等），都作为一个通道的输入。在每个通道中，前三层与原始的 U-Net 相似。在第三层和第四层卷积层之间建立一个连接操作，以连接不同的特征图。然后，从不同数据提取的不同信息通过连接层融合和合并成一个强大的特征图。

同时，在连接的过程中，通道的顺序选择也会影响分类结果。因此，将遥感影像通道的结果与扩张路径的相应层进行连接。

综上，每个训练样本将通过 16 个卷积层提取特征并减小样本的大小。所提出的网络可以从不同的数据中提取各种特征，形成卷积层的特征图。

7.9.4　总结

7.9.4.1　结果发现

坡度和坡向因素对于黄土地貌的分类没有显著影响。对于坡向，黄土丘陵的特征与黄土岭的部分区域相似。黄土丘陵的一部分仍处于黄土岭和黄土丘陵

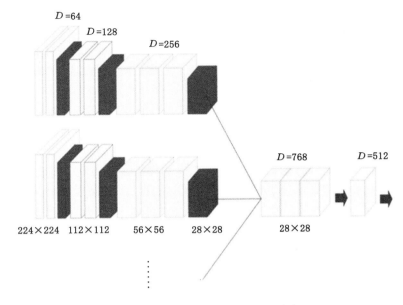

图 7-22　多通道特征融合结构[33]

的过渡阶段,两者通常难以通过坡向区分。虽然坡度可以支持地形要素的提取,但是基于坡度的提取结果依然难以让人满意,主要原因是黄土岭和黄土丘陵位于凸起的地形中,两者之间的坡度差异很小。

黄土丘陵的准确性高于黄土岭,因为黄土岭的边界比黄土丘陵更复杂。遗漏误差主要位于黄土岭边界区域。黄土岭边界与冲沟的相似性导致了像元级错误分类。

数字高程模型提供高程和地形的信息,可以增强每个地表形态类别的可区分性,相比较于单独使用遥感影像,融合数字高程模型能够显著提高地形起伏的描述能力,且明显提高卷积神经网络提取地形要素的性能。

7.9.4.2　方法优势

卷积神经网络模型在像元级别上具有良好的性能,相比较于面向对象的方法,融合遥感影像和数字高程模型基于像元的方法具有最好的效果。

基于 U-Net 的卷积神经网络能够更好地提取不同类型的地形要素,所提取的地形要素具有更完整的集合形状,且其边界在连续性和规则性方面都明显高于机器学习的方法(如随机森林)。

总体上,基于 U-Net 的卷积神经网络提取地形要素的准确性明显高于基于机器学习的方法。尤其对于两种类型地貌的过渡区域的地形要素,基于 U-Net

的卷积神经网络的方法能够基于简单数据集区分两种相似的地形要素,基于一部分代表性数据集便可提高提取和分类的准确性。

基于 U-Net 的卷积神经网络具有较好的模型可迁移性。通过替换训练数据,微调过的网络能够较好地应用于其他地形要素的提取和识别任务。

7.9.4.3 未来改进

提高模型的可解释性。针对边界较为模糊的地表形态,需研究不同地形参数的综合方法,融合不同地形参数的多维特征,进一步定义不同地表形态的边界,提高模型理解地形要素的准确性和性能。

进一步提高数据迁移的鲁棒性,实现基于小样本或弱标记[4,21]数据集下,网络模型依然能够挖掘不同地表形态的特征的相似性,有效减少基础数据的数量和训练分类网络的深度。同时,开发轻量级 GeoAI 实现实时高效检测也是未来重要的研究方向[27]。

参考文献

[1] ESRI. GeoAI：AI-driven geospatial workflows［EB/OL］.［2023/07/24］：https://www.esri.com/en-us/capabilities/geoai/overview.

[2] LI W W. GeoAI：Where machine learning and big data converge in GIScience［J］.Journal of spatial information science,2020,20：71-77.

[3] GOODCHILD M F, LI W W.Replication across space and time must be weak in the social and environmental sciences［J］. Proceedings of the National Academy of Sciences of the United States of America,2021,118(35)：1-8.

[4] 周熙然,李德仁,薛勇,等.地图图像智能识别与理解:特征、方法与展望[J]. 武汉大学学报(信息科学版),2022,47(5):641-650.

[5] HENGL T,ROSSITER D G.Supervised landform classification to enhance and replace photo-interpretation in semi-detailed soil survey［J］. Soil science society of America journal,2003,67(6):1810-1822.

[6] 周访滨,邹联华,刘学军,等.栅格 DEM 微地形分类的卷积神经网络法[J]. 武汉大学学报(信息科学版),2021,46(8):1186-1193.

[7] ZHOU X R, XIE X, XUE Y, et al. Bag of geomorphological words：a framework for integrating terrain features and semantics to support landform object recognition from high-resolution digital elevation models ［J］.ISPRS international journal of geo-information,2020,9(11):620.

［8］ JASIEWICZ J,STEPINSKI T F.Geomorphons:a pattern recognition approach to classification and mapping of landforms［J］.Geomorphology,2013,182:147-156.

［9］ LI W W,ARUNDEL S T.GeoAI and the future of spatial analytics［M］// New Thinking in GIScience. Singapore:Springer Nature Singapore,2022: 151-158.

［10］ HSU C Y,LI W W.Explainable GeoAI:can saliency maps help interpret artificial intelligence's learning process? An empirical study on natural feature detection［J］. International journal of geographical information science,2023,37(5):963-987.

［11］ XIE X,ZHOU X R,XUE B,et al.Aspect in topography to enhance fine-detailed landform element extraction on high-resolution DEM［J］.Chinese geographical science,2021,31(5):915-930.

［12］ ACHANTA R,SHAJI A,SMITH K,et al.SLIC superpixels compared to state-of-the-art superpixel methods［J］. IEEE transactions on pattern analysis and machine intelligence,2012,34(11):2274-2282.

［13］ BUEB D,STEPINSKI T F. Automated classification of landforms on Mars［J］.Computers & geosciences,2006,32(5):604-614.

［14］ EVANS I S.Geomorphometry and landform mapping:what is a landform? ［J］.Geomorphology,2012,137(1):94-106.

［15］ JAMIESON S S R,SINCLAIR H D,KIRSTEIN L A,et al.Tectonic forcing of longitudinal valleys in the Himalaya:morphological analysis of the Ladakh Batholith,North India［J］.Geomorphology,2004,58(1/2/3/4):49-65.

［16］ DU L,YOU X,LI K,et al.Multi-modal deep learning for landform recognition ［J］.ISPRS journal of photogrammetry and remote sensing,2019,158:63-75.

［17］ GROHMANN C H.Evaluation of TanDEM-X DEMs on selected Brazilian sites:comparison with SRTM,ASTER GDEM and ALOS AW3D30［J］. Remote sensing of environment,2018,212:121-133.

［18］ WOOD-SMITH R D,BUFFINGTON J M. Multivariate geomorphic analysis of forest streams:implications for assessment of land use impacts on channel condition［J］.Earth surface processes and landforms,1996,21 (4):377-393.

［19］ EHSANI A H,QUIEL F.Geomorphometric feature analysis using morphometric parameterization and artificial neural networks［J］.Geomorphology,2008, 99(1/2/3/4):1-12.

[20] SRIVASTAVA N, SALAKHUTDINOV R. Multimodal learning with deep Boltzmann machines [J]. Journal of machine learning research, 2012, 15: 2949-2980.

[21] LI W W, HSU C Y, HU M S. Tobler's first law in GeoAI: a spatially explicit deep learning model for terrain feature detection under weak supervision[J]. Annals of the american association of geographers, 2021, 111(7):1887-1905.

[22] HSU C Y, LI W W, WANG S Z. Knowledge-driven GeoAI: integrating spatial knowledge into multi-scale deep learning for Mars crater detection [J]. Remote sensing, 2021, 13(11):2116.

[23] WANG S Z, LI W W. GeoAI in terrain analysis: enabling multi-source deep learning and data fusion for natural feature detection[J]. Computers, environment and urban systems, 2021, 90:101715.

[24] LECUN Y, BENGIO Y, HINTON G. Deep learning[J]. Nature, 2015, 521 (7553):436-444.

[25] GUO Y M, LIU Y, OERLEMANS A, et al. Deep learning for visual understanding: a review[J]. Neurocomputing, 2016, 187:27-48.

[26] CHENG G, YANG C Y, YAO X W, et al. When deep learning meets metric learning: remote sensing image scene classification via learning discriminative CNNs [J]. IEEE transactions on geoscience and remote sensing, 2018, 56(5):2811-2821.

[27] LI W W, HSU C Y, WANG S Z, et al. Real-time GeoAI for high-resolution mapping and segmentation of Arctic permafrost features: the case of ice-wedge polygons [C]//Proceedings of the 5th ACM SIGSPATIAL International Workshop on AI for Geographic Knowledge Discovery, 1 November 2022, Seattle, Washington. New York: ACM, 2022:62-65.

[28] LIU K, SONG C Q, KE L H, et al. Global open-access DEM performances in Earth's most rugged region High Mountain Asia: a multi-level assessment[J]. Geomorphology, 2019, 338:16-26.

[29] SATGÉF, BONNET M P, TIMOUK F, et al. Accuracy assessment of SRTM v4 and ASTER GDEM v2 over the Altiplano watershed using ICESat/GLAS data[J]. International journal of remote sensing, 2015, 36 (2):465-488.

[30] IWAHASHI J, WATANABE S, FURUYA T. Landform analysis of slope

movements using DEM in Higashikubiki area, Japan[J]. Computers & geosciences, 2001, 27(7): 851-865.

[31] FALK T, MAI D, BENSCH R, et al. U-Net: deep learning for cell counting, detection, and morphometry[J]. Nature methods, 2019, 16(1): 67-70.

[32] 李阳, 韩立国, 周帅, 等. 基于深度学习 U-net 网络的重力数据界面反演方法[J]. 地球物理学报, 2023, 66(1): 401-411.

[33] LI S J, XIONG L Y, TANG G A, et al. Deep learning-based approach for landform classification from integrated data sources of digital elevation model and imagery[J]. Geomorphology, 2020, 354: 107045.